U0296566

华章IT

游戏开发与设计
—技术丛书—

Unity 3D
人工智能编程

[美] 昂·斯尤·基奥 克利福德·彼得斯 斯特·奈·斯瑞 著 李秉义 译
(Aung Sithu Kyaw) (Clifford Peters) (Thet Naing Swe)

Unity 4.x Game AI Programming

机械工业出版社
China Machine Press

图书在版编目（CIP）数据

Unity 3D 人工智能编程 /（美）基奥（Kyaw, A. S.），（美）彼得斯（Peters, C.），（美）斯瑞（Swe, T. N.）著；李秉义译 . —北京：机械工业出版社，2015.6（2018.2 重印）

（游戏开发与设计技术丛书）

书名原文：Unity 4.x Game AI Programming

ISBN 978-7-111-50389-7

I. U… II. ① 基… ② 彼… ③ 斯… ④ 李… III. 游戏程序 – 程序设计 IV. TP311.5

中国版本图书馆 CIP 数据核字（2015）第 115325 号

本书版权登记号：图字：01-2015-1909

Unity 4.x Game AI Programming (ISBN: 978-1-84969-340-0).

Copyright © 2013 Packt Publishing. First published in the English language under the title " Unity 4.x Game AI Programming ".

All rights reserved.

Chinese simplified language edition published by China Machine Press.

Copyright © 2015 by China Machine Press.

本书中文简体字版由 Packt Publishing 授权机械工业出版社独家出版。未经出版者书面许可，不得以任何方式复制或抄袭本书内容。

Unity 3D 人工智能编程

出版发行：机械工业出版社（北京市西城区百万庄大街 22 号　邮政编码：100037）

责任编辑：陈佳媛　　　　　　　　　　　　　　　责任校对：董纪丽

印　　刷：北京市荣盛彩色印刷有限公司　　　　　版　　次：2018 年 2 月第 1 版第 3 次印刷

开　　本：186mm × 240mm　1/16　　　　　　　印　　张：13

书　　号：ISBN 978-7-111-50389-7　　　　　　　定　　价：59.00 元

凡购本书，如有缺页、倒页、脱页，由本社发行部调换

客服热线：（010）88379426　88361066　　　　　投稿热线：（010）88379604

购书热线：（010）68326294　88379649　68995259　读者信箱：hzit@hzbook.com

　　本书旨在帮助你把各种人工智能技术应用到你的游戏中。我们将会讨论决策技术，比如有限状态机和行为树；也将探讨运动、避开障碍和群组行为；还将演示如何跟随一条路径，如何使用 A* 寻路算法来创建一条路径，以及如何使用导航网格到达目的地。作为额外收获，你将详细了解随机性和概率，并把这些概念应用到最后一个综合项目中。

本书内容

　　第 1 章讨论什么是人工智能，如何将其应用到游戏中，以及游戏中使用的各种实现人工智能的技术。

　　第 2 章讨论人工智能中需要用到的一种简化决策管理的方法。我们使用有限状态机来确定人工智能在特定状态下的行为，以及这种状态下人工智能如何转换为其他状态。

　　第 3 章讨论概率论的基础知识，以及如何改变特定输出的概率。然后学习如何给游戏增加随机性，让游戏中的人工智能更难以预测。

　　第 4 章介绍怎样让游戏角色在某些情况下能够感知他们周围的世界。当他们具有视觉和听觉时，游戏角色会知道敌人就在附近，他们还会知道何时发起攻击。

　　第 5 章讨论多个对象组队同时行进的情况。该章将探讨两种实现群组行为的方式，以及这两种方式是怎样使这些对象同时行进的。

　　第 6 章学习人工智能角色如何跟随一条给定的路径到达目的地。我们将了解人工智能角色如何在不知道路径的情况下找到目标，以及如何使其移向目标的同时避开障碍。

第 7 章讨论一个流行的算法，即寻找从指定位置到目标位置的最优路径。有了 A* 算法，我们可以扫描地形并找到到达目标的最优路径。

第 8 章讨论如何利用 Unity 的能力使寻路更易于实现。通过创建一个导航网格（需要使用 Unity Pro 版），我们能够更好地表示周围的场景，然后就能使用图块和 A* 算法。

第 9 章讲解从有限状态机扩展而来的行为树，即使在最为复杂的游戏中我们也可以使用它。我们将使用免费插件 Behave 来帮助在 Unity 中创建并管理行为树。

第 10 章把我们在本书中所学的各种原理整合在最后一个项目中。在这里你能够应用所学的人工智能原理，设计出一个令人难忘的车辆战斗游戏。

本书要求配置

学习本书，要求读者安装 Unity 3.5 或更高版本。第 8 章讨论导航网格，顾名思义涉及创建一个导航网格，这需要你安装 Unity Pro 版本；第 9 章讨论行为树，要求下载 Behave——一个免费的行为树插件，这需要你拥有一个 Unity Store 账号。不过这些需求都是可选的，因为本书配备的资源中已经为你准备好了导航网格和 Behave 插件，可登录华章网站下载，网址为 www.hzbook.com。

本书的读者对象

本书面向任何想要学习将人工智能应用到游戏中的读者，并侧重于之前有 Unity 使用经验的读者。我们会用 C# 语言编写代码，所以我们希望你熟悉 C#。

下载示例代码和书中的彩色插图

你可以在华章网站的本书页面中下载示例代码文件和书中的彩色插图。

Contents 目 录

第 1 章 *Chapter 1*

人工智能导论

本章将会在学术领域、传统领域以及游戏的具体应用上给你提供一些人工智能的背景知识。我们将会学习人工智能在游戏中的实现和应用与其他领域中的人工智能的不同，以及游戏人工智能的一些重要且特殊的需求，还将探索在游戏中应用人工智能的基本技术。本章也将作为后面章节的参考。在后面的章节中，我们将会在 Unity 中实现这些人工智能技术。

1.1　人工智能

一些类似于人类和其他动物的生命体具有某种智能，这种智能有助于我们在完成一件事时做出特定的选择。然而计算机只是台可以接收数据的电子设备，它以很高的速度执行逻辑和数学运算并输出结果。所以人工智能（AI）的主旨本质上是让计算机能够像生物体一样，具有思考和决定的能力来执行某些特定操作。

显而易见，人工智能是一个巨大的课题。而这样一本小书并没有办法涵盖所有与人工智能有关的内容。但是了解人工智能在不同领域中的基础知识是非常重要的。人工智能只是一个总称，对于不同的目的，它的实现和应用是不同的，人工智能可以用来解决不同的问题。

在开始研究游戏的专用技术之前，我们先来看看人工智能在下面这些研究领域中的应用：

- ❑ **计算机视觉**：这是一种从视觉输入源（比如视频和摄像机）获取信息并对它们进行分析，以执行特定操作（比如脸部识别、对象识别、光学字符识别）的能力。

- ❑ **自然语言处理（NLP）**：这是一种让机器能够像我们平常那样阅读和理解语言的能力。问题是，我们今天使用的语言对于机器来说是难以理解的。表达同一件事情有很多种不同的说法，同一个句子依据不同的上下文也有不同的含义。自然语言处理对于许多机器来说是非常重要的一个步骤，因为它们需要了解我们使用的语言和表达方式。幸运的是，在网络上有大量可以获取到的数据集合，可以用来帮助研究人员对语言进行自动分析。

- ❑ **常识推理**：在那些我们并不完全了解的领域中，我们的大脑可以用常识推理来很容易地得出问题的答案。常识性知识是我们用来尝试理解某些问题的一个常用和普遍的方式，因为我们的大脑可以混合上下文、背景知识和语言能力，让它们综合影响、相互作用。但是让机器来应用这些知识是件非常复杂的事，对于研究人员来说这仍是一个重大的挑战。

1.2　游戏中的人工智能

游戏人工智能需要去完善一个游戏的品质。为此，我们需要了解每个游戏必须满足的基本需求。答案应该是显而易见的，就是让游戏好玩。那么，是什么决定了一个游戏是否好玩呢？这其实是游戏设计的主旨（Jesse Schell 所著的《The Art of Game Design》是一份极佳的参考资料），让我们试着在不深入讨论游戏设计的话题的情况下来解决这个问题。你会发现一个具有挑战性的游戏一定是好玩的。重申一遍：让游戏具有挑战性。这意味着一个游戏不应该太过困难让玩家没有击败对手的可能性，也不应该让玩家轻而易举地取得胜利。让游戏好玩的关键因素是为之找到合适的难度等级。

而这正是人工智能发挥作用的地方。人工智能在游戏中的作用是通过提供富有挑战性的竞争对象来让游戏更好玩，而在游戏世界中行动逼真的有趣的非玩家角色（NPC），也会让游戏更好玩。所以，我们的目的不是复制人类或其他动物的整个思维过程，而是通过让这些 NPC 对游戏世界里不断变化的情形，产生对玩家来说足够合理、有意义的反应，来让它们看起来更加智能。

我们不希望游戏中的人工智能系统花费过多的计算代价，因为人工智能计算所需要的处理器能力，比如图形渲染和物理学仿真，要同其他的操作共享。另外，别忘了它们都是实时发生的，并且，在整个游戏中保持稳定的帧率也非常重要。甚至有人试图制造专门用于人工智能运算的处理器（AI Seek 公司的 Intia 处理器）。随着处理器的处理能力与日俱增，我们现在拥有了越来越多的人工智能计算的空间。然而，像所有其他的游戏开发规范一样，优化人工智能计算仍然是人工智能开发者所面临的巨大的挑战。

1.3　人工智能技术

在本节中，我们将简单了解部分人工智能技术在不同类型的游戏中的应用。在后面的章节中，我们将学习如何在 Unity 中实现这些功能。由于这本书不是专注于人工智能技术本身，而是这些技术的在 Unity 中的应用，所以在这里我们不会深究过多的细节。就让我们把它当作一个速成班，然后再开始研究这些应用。如果你想了解关于游戏人工智能的更多内容，也有一些非常棒的书值得推荐，如由 Mat Buckland 所著的《Programming Game AI by Example》、由 Ian Millington 和 John Funge 合著的《Artificial Intelligence for Games》。《AI Game Programming Wisdom》系列丛书也蕴藏了大量最新人工智能技术的实用资源和文章。

1.3.1　有限状态机

有限状态机（FSM）可以认为是最简单的人工智能模型之一，并且普遍应用于大部分游戏中。一个状态机主要由一组数量有限的状态组成，这些状态之间可以相互转换，并以图表的形式展示出它们之间的联系。一个游戏实体以初始状态开始运行，然后就开始不断地查找能够导致其转换到另一个状态的事件和规则。一个游戏实体在任一给定时间内只能出现在一个确定的状态中。

举个例子，让我们来看一个典型的射击游戏中的人工智能守卫。它的状态可以非常简单，如巡逻（Patrol）、追逐（Chase）和射击（Shoot）。

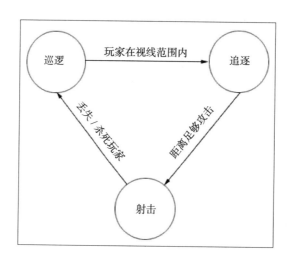

一个简单的人工智能守卫有限状态机

一个简单的有限状态机主要由四部分组成：

❑ 状态：该组件定义了一组状态，一个游戏实体或 NPC 可以选择（巡逻、追逐和射击）

❑ 转移：该组件定义了不同状态之间的关系

❑ 规则：该组件用来触发状态转移（玩家在视线范围内、距离足够攻击、丢失 / 杀死玩家）

❑ 事件：该组件用于触发检查规则（守卫的可见区域、与玩家的距离等）

所以，《雷神之锤 2》里的怪物可能具有以下状态：站立、行走、跑步、躲避、攻击、空闲和搜索。

有限状态机广泛地应用于游戏人工智能中,因为它们易于实现,不管对于简单还是相对复杂的游戏都游刃有余。通过使用简单的 if/ else 语句或 switch 语句,我们就能轻松地实现有限状态机。在我们设计出更多的状态和转换时,它看上去可能会有点混乱。在下一章内容中,我们将学习如何使用一个简单的有限状态机。

1.3.2 人工智能中的随机性和概率

想象一下,一个敌方机器人在第一人称射击游戏中(FPS)可以随时暴头杀死玩家,在一个赛车游戏中,对手总是能选择最佳路线,在超车时从不会撞到任何障碍物,具有如此智能水平的对手会让游戏非常困难,玩家几乎不可能取胜。或者说,想象一下敌方人工智能总是选择同样的路线,或总是见到玩家就逃跑……如果人工智能控制的实体每次遇见玩家都表现出同样的方式,就会让玩家轻易地预测游戏并取得胜利。

以上两种情况显然会降低游戏的乐趣,并让玩家感到游戏不具备挑战性,或不够公平。解决这种完美或愚蠢的人工智能的一种方法是,在他们的智能系统中引入一些错误。在游戏中,将随机性和概率应用于人工智能的计算过程中。以下是一些我们想让我们的人工智能实体做出一个随机决定的情况:

❑ 非故意:这种情况是游戏代理(或者也可能是 NPC)需要随机地做出一个决定,因为它不具备足够的信息来做出完美的决定,以及 / 或者无论做出什么样的决定其实都无关紧要。在这种情况下的策略就只是简单地随机做出决定,并希望最好的结果发生。

❑ 故意:这种情况是完美的人工智能和愚蠢的人工智能。正如我们在前面的例子中所讨论的,我们需要人为地添加一些随机性,好让它们更逼真,并向玩家匹配适合的难度级别。这种随机性和概率可能被用于命中率、在基础伤害上加减的随机伤害。使用随机性和概率,我们可以给游戏添加现实的不确定感,让我们的人工智能系统难以预测。

我们也可以用概率来定义不同类型的人工智能角色。让我们看看远古捍卫者(DotA)中的英雄人物。DotA 是一个受欢迎的《魔兽争霸 III》中的即时战略(RTS)

游戏模式。游戏中有三类基于三种主要属性的英雄，这三种主要属性分别为：力量、智力和敏捷。力量是英雄的物理力量的度量，智力与英雄控制法术的能力有关，敏捷则决定了英雄躲避攻击和迅速进攻的能力。力量英雄的人工智能将具备在近战过程中造成更多伤害的能力，而一个智力英雄将有更多的概率成功使用法术造成更高伤害。仔细平衡不同类型的英雄之间的随机性和概率，能够让这个游戏更具挑战性，并让DotA 玩起来更加有趣。

1.3.3　感应器系统

我们的人工智能角色需要了解其周围的环境，以及与它们互相影响的游戏世界，以便做出某个特殊的决定。这些信息可以是下面的这些。

- 玩家的位置：该信息用于决定是否进行攻击、追逐或继续巡逻。
- 建筑物和附近的对象：该信息用于躲藏或寻找掩护。
- 玩家的健康和自己的健康：这些信息用于决定是否撤退或继续前进。
- 在一个 RTS 游戏地图上的资源的位置：该信息用于占领和收集资源，建设和生产其他单位。

正如你所看到的那样，根据我们所建立的游戏的类型，我们对这些信息的需要可能有很大的差异。那么，我们如何收集这些信息呢？

1. 轮询

轮询就是一种收集这些信息的方法。我们可以用 if / else 或 switch 语句简单地在人工智能角色的 FixedUpdate 方法中进行检查。人工智能角色只在游戏世界中轮询它们感兴趣的，并进行检查，之后根据结果采取行动。如果没有太多事情需要检查，轮询是一个很好的方法。然而，有些角色可能并不需要轮询每一帧的世界状态，不同的角色可能需要不同的轮询率。所以通常情况下，在一些具备更复杂的人工智能系统的大型游戏中，我们需要部署一个由事件驱动的全局消息系统。

2. 消息系统

人工智能会做出决策来响应世界中的事件。这些事件通过消息系统，在人工智能实体和玩家之间，在其他的人工智能实体之间，或在整个世界中传送。例如，当玩家攻击一队巡逻守卫中的一个敌方单位，剩下的人工智能单位也需要知道这起事件，这样它们就可以开始搜索和攻击玩家。如果我们使用轮询方法，其他单位的人工智能要想知道这件事，就需要检查所有其他人工智能实体的状态。但是有了一个事件驱动消息系统之后，我们就可以以一个更易于管理和可扩展的方式来实现这一点。对特定事件感兴趣的人工智能角色可以注册为监听者，并且在该事件发生时，我们的消息系统将广播给所有监听者。这时人工智能实体就可以继续采取适当的行动，或执行进一步的检查。

事件驱动的系统并不一定能提供比轮询更快的机制。但它提供了一个更方便的中央检查系统以感知世界，并通知对特定事件感兴趣的人工智能代理，而不必在每一帧中让每个单独的代理检查相同的事件。在现实中，大部分时间里轮询和消息系统是一起使用的。例如，当人工智能实体接收到来自消息系统中的事件信息时，它可以轮询更详实的细节。

1.3.4　群组、蜂拥和羊群效应

许多生物（如鸟类、鱼类、昆虫和陆生动物）以团体的形式完成某些行为（如移动、狩猎和觅食）。它们生存在团体里，并以团体的形式狩猎，因为这让它们更强大，也避免让它们成为那些追逐单独目标的捕食者的猎物。所以，假设你想要一群鸟蜂拥在天空中，动画师如果设计每只鸟的动作和动画，就会花费过多的时间和精力。但是，如果我们运用一些简单的让每只鸟都能跟随的规则，我们自然就可以实现整个群组的复杂的智能全局行为。

这个概念的一位先驱人士是 Craig Reynolds，他在于 1987 年发表的 SIGGRAPH 论文"Flocks, Herds and Schools——A Distributed Behavioral Model"中提出这样的群组算法。Craig Reynolds 创造了"boid"一词，听起来像"小鸟"，但指一

个像鸟一样的对象。他提出了适用于每个个体单位的三个简单规则，这三个规则分别是：

- 分离：此规则用于与个体周围的 boids 至少保持最短距离，以避免碰撞到它们。
- 队列：此规则用来保持个体与其周围的 boids 的平均方向一致，然后用和它们相同的速度以一个群组整体地移动。
- 凝聚：此规则用来保证个体与该组的质量中心保持最短距离。

这三个简单的规则，就是实现一个现实化且相当复杂的鸟类群组行为所需要的一切。它们也可以应用到没有修改或很少修改的任何其他实体类型的群组。在第 5 章中我们将研究如何实现这样的群组系统。

1.3.5　路径跟随和引导

有时候，我们希望人工智能角色跟随一个粗略引导或大概定义的路径，漫游在游戏世界中。例如，在赛车游戏中，人工智能对手需要在道路上自行驾驶，而决策算法（比如我们刚刚讨论过的 boid 群组算法）只能在决策方面做得不错。但最终，这些都要归结于处理实际的动作和引导行为。引导人工智能角色的行为作为一个研究课题已有几十年。在这一领域有篇显著的论文"Steering Behaviors for Autonomous Characters"，作者同样是 Craig Reynolds，该论文发表于 1999 年的游戏开发者大会（GDC）。Reynolds 将引导行为分为以下三个层次：

动作行为的层次

让我以 Reynolds 论文开头举的例子来解释这三个层次："比如，几个牛仔在牧场上牧牛，牛群中的一头牛远离了大部队。老板让牛仔找回走失的那头牛，牛仔对他的马儿喊到：'出发'，然后引导马儿去寻找这头牛，并有可能让它在沿途中避开障碍物。在这个例子中，老板代表行动选择，他注意到世界的状态发生了变化（一头牛离开了牛群），并设定目标（找回走失的牛）；牛仔代表引导级别，他把目标分解为一系列简单的子目标（接近牛、避开障碍物、找回牛），子目标对应于牛仔和马的引导行为。使用各种控制信号（语音指令、马刺、缰绳），牛仔引导他的马向目标靠近。一般来说，这些信号表示加速、减速、右转、左转等概念。马实现了运动层次。马儿输入牛仔的控制信号，并根据信号向目标移动。这个动作是一些因素复杂的相互作用的结果：马的视觉、平衡能力，以及控制骨骼关节转动的肌肉。"

然后，他提到了如何为个别人工智能角色设计和实现一些常见和简单的引导行为。这些行为包括：搜寻和逃离、追逐和逃脱、徘徊、到达、避障、墙跟随、路径跟随。我们将在第 6 章中用 Unity 实现这些行为。

1.3.6 A* 寻路算法

在许多游戏中，你可以找到跟随着玩家的怪兽和敌人，或者避开障碍到达指定的位置。比如，在一个典型的即时战略（RTS）游戏中，你可以选择一组单位，点击一个你希望他们移动到的地点，或者点击一个敌方单位来攻击他们。我方单位需要找到一条能够到达目标，且在过程中不和障碍物相撞的路径。敌人的单位也需要有能力做同样的事情。障碍物对于不同的单位来说可以是不同的。比如，一个空军单位应该能够越过一座山，而陆军单位则需要在山的周围另选路径绕行。

A＊（读作"A star"）是一个因其良好的性能和准确性，而被广泛应用于游戏的寻路算法。让我们来看一个例子，看看它是如何工作的。比如，我们希望部队从 A 点移动到 B 点，但有一堵墙挡在中间，部队不能直奔目标。所以，我们的部队需要找到一种能够在避开墙壁的同时到达 B 点的方法。

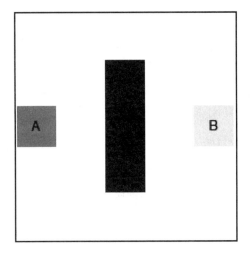

俯瞰视角的地图

　　我们正在看一个简单的 2D 示例。但是同样的概念也可以应用于 3D 环境中。为了找到从 A 点到 B 点的路径，我们需要了解地图上更多的信息，如障碍物的位置。为此，我们可以将整个地图分裂成小图块，并用网格的形式来表示整个地图，如下图所示：

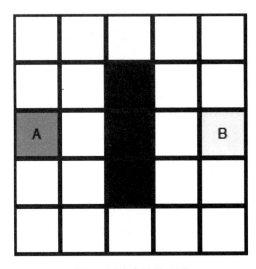

用 2D 网格表示的地图

　　这些小图块也可以是包括六边形和三角形在内的其他形状。但在这里我们只使用正方形图块，因为它十分简单，也足以满足这个场景的需求。用网格的形式表示整个地图，来简化搜索区域，这在寻路中是非常重要的一步。现在，我们就可以用一个小小的 2D 数组来表示我们的地图了。

地图现在由 25 个图块（5 格 × 5 格）来表示，可以开始搜寻到达目标的最佳路径了。怎么做呢？计算邻近起始图块的每一图块到达起始图块的移动成本（这些图块必须在地图上且没有被障碍物占据），然后选择移动成本最少的图块。

如果不考虑斜线移动，那么玩家将有四个邻接图块可以选择。现在，我们需要知道两个数据来计算每个邻接图块的移动成本，姑且称之为 G 和 H，其中 G 是从起始图块移动到当前图块的成本，H 是从当前图块移动到目标图块的成本。

把 G 和 H 相加，就能得到最终的移动成本 F。我们可以使用公式：F= G+ H。

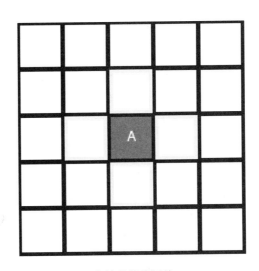

有效的邻接图块

在这个例子中，我们将使用一个叫作曼哈顿距离（也称为出租车几何）的简单方法，在这个方法中我们只需计算介于起始图块和目标图块之间的图块总数，来获悉它们之间的距离。

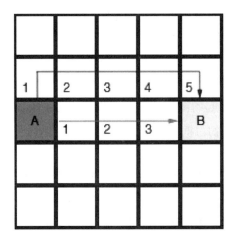

G 的计算

上面的图表示了用两种不同的路径来计算 G 的方法。我们只是加 1（移动过一个图块的成本）到前一图块的 G 值，以获得目前图块的 G 值。我们还可以给不同类型的图块不一样的移动成本。例如，你可能想让斜线移动产生一个较高的移动成本（如果你正在考虑它们），或让它们占用特定的图块，比如池塘或泥泞的路。现在我们既然已经知道了如何计算 G，接下来就去看看 H 的计算。下图显示了从不同的起始图块到达目标图块的 H 值。你可以尝试计算它们之间的方块，以了解我们是如何计算出这些值的。

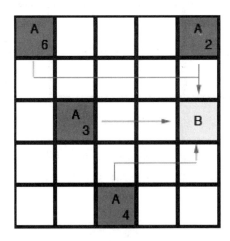

H 的计算

现在我们已经知道了如何计算 G 和 H 的值。让我们回到最初的例子来计算从 A 点到 B 点的最短路径。首先选择起始图块，并找出有效的相邻图块，如下图所示。然后计算每个图块的 G 值和 H 值，分别如图块的左下角和右上角所示。然后得出最终的移动成本 F，即 G+ H，如图块的左上角所示。很明显，紧挨起始图块右侧的图块的 F 值最小。

所以，我们选择这个图块作为我们下一个移动的目标，并将前一个图块存储下来，作为其父图块。父图块在后续追溯最终路径时，将会非常有用。

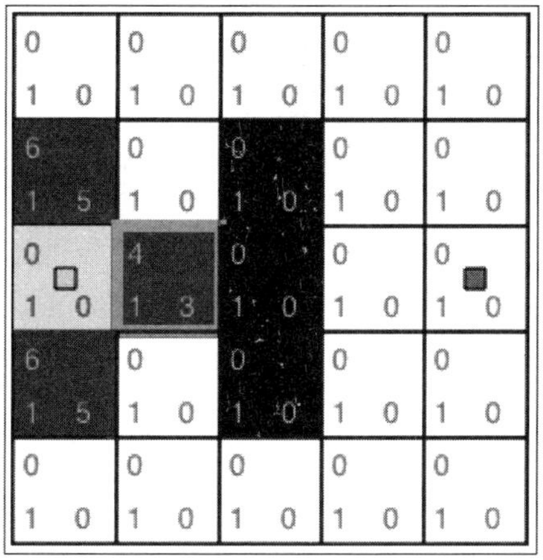

起始位置

从当前图块开始，我们再次进行相似的流程，确定出有效的邻接图块。这次只有在顶部和底部有两个有效的邻接图块，我们已经检查过左边是一个起始图块，障碍物则占据了右侧的图块。我们先计算出 G 和 H 的值，然后得出所有邻接图块的新的 F 值。这次我们的地图上有四块邻接图块具有相同的移动成本 F=6。那么，选哪一个图块呢？其实我们可以选择其中任何一个图块，在本例中这并不重要，因为不论选择了哪个图块，最终我们也会找到所有图块的最短路径，即使它们具有相同的移动成本。通常情况下，我们只需选择最近加入邻接图块列表中的那个图块。这是因为我们稍后将使用某种数据结构，例如列表，来存储那些我们考虑下一步有可能移动到的图块。所以，选择最近添加到列表的图块，要比从头到尾搜索列表，寻找之前添加进去的某一特定的图块要快很多。

在本例中，我们只是随机地选择了下一个要测试的图块，就是为了证明这样其实也能够找到最短路径。

第二步

所以，我们选择了用红色边框高亮显示的图块，然后再次检查邻接图块。在这个步骤中，只有一个邻接图块，计算出 F 值为 8。因此，到目前为止最低的移动成本仍然是 6，我们可以选择任意一个 F 值为 6 的图块。

第三步

所以，我们从所有移动成本为 6 的图块中随机选择一个，如果我们不断重复这个过程，直到到达我们的目标图块，那么最终我们将得到一个包含每个有效图块的移动成本的面板。

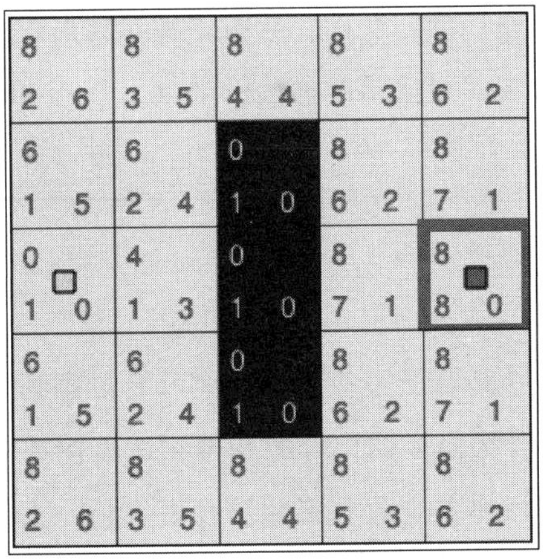

到达目标图块

现在我们所要做的就是，用目标图块的父图块，从目标图块开始往回追溯。这会得出类似下图的路径：

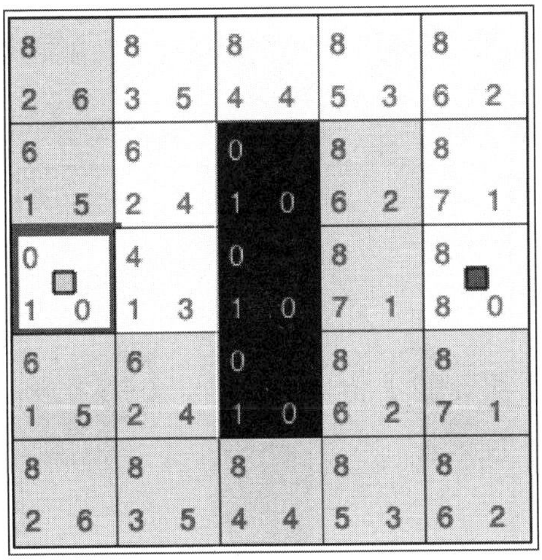

回溯路径

这就是 A＊寻路的核心概念，无需提供任何代码。A＊寻路在人工智能寻路领域中是一个重要的概念，但是自 Unity3.5 开始出现了一些新的功能，如自动生成导航网格和导航网格代理（接下来我们将大致介绍这些功能，并且在第 8 章中学习到更详细的内容），这些功能让寻路在游戏中更加容易实现。事实上，你甚至无需了解 A＊就能让你的人工智能角色实现寻路功能。然而，知道系统在幕后实际上是如何运作的，有助于你成为一个可靠的人工智能程序员。但遗憾的是，这些先进的导航功能目前只能在Unity 专业版中使用。

1.3.7 导航网格

现在，我们对于 A＊寻路有了一些了解。你可能留意到一件事，即使是对一个简单的网格使用 A＊，也需要相当多的计算来获得到达目标并同时避开障碍物的最短路径。因此，为了减少计算成本并让寻找最短路径更容易，人们提出利用航点指引，把人工智能角色从起始点移动到目标点。比如我们想让人工智能角色从 A 点移动到 B点，并且我们设置了三个如下图所示的航点：

现在我们要做的就是选出最近的航点，然后按照其连接节点通往目标航点。大部分的游戏都使用航点来寻路，因为它们使用更少的计算资源，简单又有效。然而，它们确实存在一些问题，如果我们要更新地图上的障碍，就必须为更新后的地图重新选择航点，如下图所示：

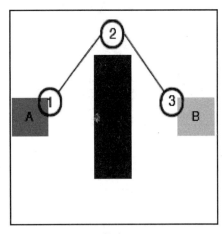

航点

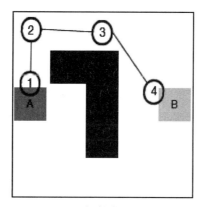

新航点

跟随每个节点到达目标可能会使人工智能角色以锯齿形路径运动。看看前面的数据你就知道，在路径距离墙壁特别近的地方，人工智能角色很可能会撞到墙壁。如果出现这种情况，我们的人工智能会继续尝试通过墙壁到达下一个目标，但它不能够通过，并且会卡在那里。尽管我们可以平滑锯齿形路径，通过将它转换为一个曲线，并且做出一些调整以避开这样的障碍物，但问题是除了连接两个节点的曲线，航点并不提供任何有关环境的信息。如果平滑处理和调整过的路径经过悬崖或桥梁的边缘呢？新的路径可能就不是一个安全的道路了。所以，我们需要数量庞大的航点来让我们的人工智能实体能够有效地遍历整个平面，这真的是很难实现和管理的一件事。

让我们来看一个更好的解决方案——导航网格。与基于方形图块的网格或航点图一样，导航网格是另一种可用于表示游戏世界的图形结构。

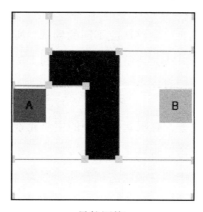

导航网格

导航网格采用凸多边形来表示地图中人工智能实体可以行进的区域。使用导航网格的一个最重要的好处是，它提供了比航点系统更多的环境信息。因为我们知道了哪些是人工智能实体可以安全行进的区域，所以现在就可以有把握地调整我们的路径了。使用导航网格的另一个好处是，我们能对不同类型的人工智能实体使用相同的网格。不同的人工智能实体可以有不同的特性，例如大小、速度和运动能力。人工智能飞行生物或人工智能车辆也许不能很好地利用一套专为人类设计的航点，它们会需要一套不同的航点，在这种情况下使用导航网格就可以节省大量的时间。

但是基于一个场景生成导航网格程序是个有些复杂的过程。幸运的是，Unity3.5引入了内置导航网格生成器（只有专业版才有这个功能）。由于这不是一本关于人工智能核心技术的书，我们不会去过多地讨论如何生成和使用这样的导航网格。取而代之的是，我们将学习如何使用Unity的导航网格生成功能来轻松地实现我们的人工智能寻路。

1.3.8　行为树

行为树是另一种人工智能技术，用来表现和控制人工智能角色背后的逻辑，现在已经广泛应用于一些像Halo和Spore这样的AAA游戏中。之前我们已经简要介绍过有限状态机，它基于人工智能角色所处的不同状态以及状态之间的转换，提供了一个定义人工智能角色逻辑的非常简单的方法。然而，有限状态机不仅难以规模化，还难以重复利用现有逻辑。为了支持所有的场景，我们需要添加许多状态和硬编码的转换，但我们更希望人工智能角色自己能够适应不同的场景。所以在处理复杂问题时，我们需要一个更具扩展性的方法。行为树就是这个更好的方法，它可以应用于越来越复杂的人工智能游戏人物。

行为树的基本元素是任务，有限状态机中的主要元素是状态。这些任务有顺序节点、选择节点以及并行节点等。这些是相当难理解的。要理解这一点，最好的办法是看示例。让我们试着把示例中的有限状态机转换为行为树。我们可以把所有的转换和状态都分解为任务。

任务

让我们来看看行为树的选择节点任务。选择节点任务由一个圆圈和中间的问号表示。首先，它会选择攻击玩家。如果"攻击"任务成功，那么选择节点任务完成并返回到父节点（如果父节点存在）。如果"攻击"任务失败，那么它会尝试"追逐"任务。如果"追逐"任务失败，那么它就会尝试"巡逻"任务。

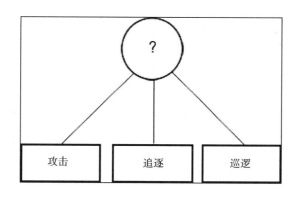

选择节点任务

那么检测呢？它们也是行为树的任务之一。下图展示了顺序节点任务的使用，顺序节点任务用一个中间画有箭头的矩形表示。根选择节点可能会选择第一个顺序节点动作。这个顺序节点动作的第一个任务是检查玩家角色的距离是否接近到可以进行攻击。如果任务成功完成，它会继续执行下一个任务，那就是攻击玩家。如果"攻击"

任务也返回了成功，整个顺序节点都将返回成功，选择节点在这种情况下就会终止，并且不会继续执行其他顺序节点的任务。如果"距离接近到可以攻击"这一任务失败了呢？那么顺序节点动作将会继续"攻击"任务，并且将会向父选择节点任务返回一个失败的状态。然后选择节点将会选择顺序节点中的下一个任务"丢失或杀掉玩家"。

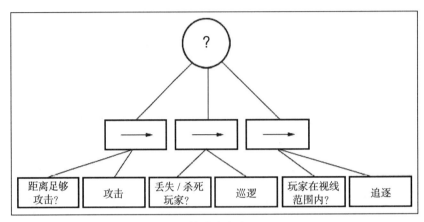

顺序节点任务

另外两个常用的组件是并行节点和装饰节点。并行节点任务会同时执行其所有的子任务，而顺序节点任务和选择节点任务只会逐个执行它们的子任务。装饰节点是另一种类型的任务，它只有一个子任务。装饰节点可以改变其子任务的行为，其中包括是否运行其子任务，应该运行多少次，等等。

在第 9 章中，我们将研究如何在 Unity 中实现一个基本的行为树系统。Unity 资源商店中有个免费的附加组件 Behave。这是一个实用且免费的 GUI 编辑器，可以用来设置人工智能角色的行为树，随后我们将详细研究它。

1.3.9　运动

动物（包括人类）有一个非常复杂的肌肉骨骼系统（运动系统），能够让他们使用肌肉和骨骼系统移动身体。在爬梯子、上楼梯或者在不平坦的地面行走时，我们知道在哪里下脚，我们知道如何保持平衡，我们摆出各种想得到的姿势使身体保持稳定。我们可以用骨骼、肌肉、关节和其他组织来做以上所有的事，这就是我们的运动系统。

现在把它引入到游戏开发领域。比如，假设我们的人类角色走在不平坦的路面上，或者小山坡上，并且对于"走路"这个环节我们只有一个动画。如果我们的虚拟角色没有运动系统，它看起来会如下图所示：

在没有运动系统的情况下爬楼梯

首先我们播放步行的动画，并推动玩家前进，然后角色感觉到它在穿透一个表面，因此碰撞检测系统把角色拉到表面上方，以防止这种穿透。这就是通常情况下，我们在不平坦的表面进行移动时调整动作的方法。虽然它并没有让人感觉很真实，但它的实现却极其简单。

想想我们平时是怎样走楼梯的。我们把脚步坚实的放上楼梯，并用这股力量推动身体的其余部分继续走下一步。这就是在现实生活中，我们使用自身先进的运动系统走楼梯的方法。然而，要实现这种程度的现实感，在游戏中并不那么简单。我们需要大量的动画以应对不同的情况，其中包括爬梯子、走路或跑步上楼梯等。所以在过去只有拥有许多动画师的大型工作室才可以做到，而现在我们拥有了一个自动化的系统，这些系统可以自动实现这些动作。

在拥有运动系统的情况下爬楼梯

幸运的是，Unity 3D 里有一个运动系统扩展可以实现这些。

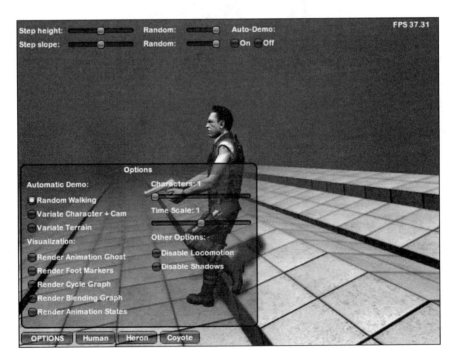

运动系统扩展

该系统可以自动地协调我们的步行 / 跑步周期，并调整腿部骨骼的运动以确保脚步正确落地。它也可以为特定的速度和方向，或任意平面、台阶和斜坡调整原始的动画。我们将在后面的章节中学习如何使用这个运动系统，把真实的移动应用到我们的人工智能角色上。

1.3.10 Dijkstra 算法

Dijkstra 算法以其设计者 Edsger Dijkstra 教授的名字命名，它是在不含权值为负的边的图中求最短路径的最著名的算法之一。这个算法最初在设计的时候，是用来在数据图论的背景下解决最短路径问题，以及用来寻找从一个开始节点到图中所有其他节点的最短路径的。因为大多数游戏只需要寻找从开始点到一个目标点的最短路径，所以这个算法找到的其他路径都不是特别有用。一旦我们从开始节点找到了目标节点，我们就可以停止这个算法，但是它仍然会继续试着寻找所有它访问过的节点的最短路径。因此这个算法在大多数游戏中的应用都不是特别有效，我们也不打算在本书中展示 Dijkstra 算法的 Unity 示例。

但是，当人工智能需要对地图进行战术决策时，Dijkstra 算法仍是一个重要算法。它在游戏之外也有很多应用，比如查找网络中最短路径的路由协议。

1.4 本章小结

游戏领域的人工智能和学术领域的人工智能的目标是不同的。学术领域的人工智能尝试解决真实世界中的问题，并需要在不消耗过多有限资源的情况下证明某个理论。游戏领域的人工智能致力于在资源有限的条件下，构建对于玩家来说看上去很智能的 NPC。游戏人工智能的目标是提供一个有挑战性的对手，让游戏玩起来更加有趣。我们也大概了解了应用在游戏中的不同的人工智能技术，比如有限状态机（FSM）、随机性和概率、感应器和输入系统、群组行为、路径跟随和行为引导、人工智能寻找路径、导航网格的生成、行为树。在接下来的章节中，我们将学习如何在 Unity 中实现这些技术。

Chapter 2　第 2 章

有限状态机

在本章中，我们将以一个简易的坦克游戏为例，学习如何在一个 Unity3D 游戏中使用有限状态机。我们将详细解析这个游戏项目中的代码和组件。在这个游戏中，玩家能够控制一辆坦克，敌方坦克会参照场景中的 4 个航点走动。一旦玩家坦克进入它们的可视范围内，它们将开始追逐玩家的坦克。而一旦它们与我们的距离足够接近可以攻击，它们就会向玩家的坦克开火。这够简单了吧？我们将通过实现有限状态机来控制敌方坦克人工智能的状态。首先，我们将用简单的 switch 语句来实现我们的坦克人工智能的状态，然后使用有限状态机框架（一个改编过的 C# 有限状态机框架，你可以访问链接：http://wiki.unity3d.com/index.php?title=Finite_State_Machine 找到它）。

2.1　玩家的坦克

在为玩家的坦克编写脚本之前，我们先看看如何设置 PlayerTank 游戏对象。我们的坦克对象基本上是一个带有刚体组件和盒碰撞器组件的简单网格（Mesh）。坦克对象不是一个单独的网格，而是由坦克和炮塔两个网格组成。为了允许炮塔对象根据鼠标运动独立转动，我们将炮塔设为坦克的子对象。同时，因为它是坦克的子对象，所以无论坦克去哪，它都会一直跟随坦克。然后创建一个空游戏对象作为 SpawnPoint 转换。当我们射出一颗子弹时，这将会作为一个位置参照点。我们还需要给坦克对象赋一个 Player 标签。以上就是坦克实体的设置方法。接下来将学习控制器类。

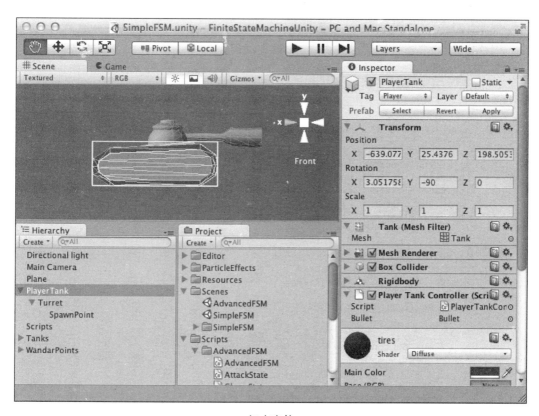

坦克实体

2.1.1 PlayerTankController 类

这个类将成为玩家控制坦克对象的主要手段。我们将使用 W、A、S 和 D 键移动与操纵坦克，用鼠标左键瞄准与射击炮塔对象。

Unity 只知道如何在标准 QWERTY 键盘布局下工作。对于我们这些使用不同类型键盘的玩家，所要做的就是模拟使用 QWERTY 键盘的情况，然后一切问题迎刃而解。本书默认使用 QWERTY 键盘和鼠标左键为主按键的两键鼠标。

2.1.2 初始化

我们的 TankController 类的属性如下。首先，建立 Start 函数和 Update 函数。

PlayerTankController.cs 文件如下所示：

```
using UnityEngine;
using System.Collections;

public class PlayerTankController : MonoBehaviour
{
    public GameObject Bullet;

    private Transform Turret;
    private Transform bulletSpawnPoint;
    private float curSpeed, targetSpeed, rotSpeed;
    private float turretRotSpeed = 10.0f;
    private float maxForwardSpeed = 300.0f;
    private float maxBackwardSpeed = -300.0f;

    //Bullet shooting rate
    protected float shootRate = 0.5f;
    protected float elapsedTime;

    void Start()
    {

      //Tank Settings
      rotSpeed = 150.0f;

      //Get the turret of the tank
      Turret = gameObject.transform.GetChild(0).transform;
      bulletSpawnPoint = Turret.GetChild(0).transform;
    }
void Update()
{
  UpdateWeapon();
  UpdateControl();
}
```

坦克实体的第一个子对象是炮塔对象，炮塔对象的第一个子对象是 bullet-SpawnPoint。Start 函数找到这些对象，然后将它们赋值到各自对应的变量。在我们创造子弹对象之后，就赋值子弹变量。同时我们还会包含 Update 函数，并在其中调用即将创建的 UpdateControl 函数和 UpdateWeapon 函数。

1. 射击子弹

每当玩家点击鼠标左键时，我们都会检查自上次射击到现在过去的时间是否超过了武器的射击速率。如果是，那么在 SpawnPoint 变量的位置创建一个新的 Bullet 对象。通过这种方法，我们可以避免没有任何限制的连续射击行为。

```
void UpdateWeapon()
{
  if (Input.GetMouseButtonDown(0))
  {
    elapsedTime += Time.deltaTime;
    if (elapsedTime >= shootRate)
    {
      //Reset the time
      elapsedTime = 0.0f;

      //Instantiate the bullet
      Instantiate(Bullet, bulletSpawnPoint.position,
      bulletSpawnPoint.rotation);
    }
  }
}
```

2. 控制坦克

游戏中玩家要使用鼠标控制炮塔（Turret）对象的旋转，这个部分有点棘手。我们的摄像机（Camera）将会俯视战场。随后，我们将基于 mousePosition 对象在战场上的位置，使用光线投射的方法来确定要转动的方向。

```
void UpdateControl()
{
  //AIMING WITH THE MOUSE
  //Generate a plane that intersects the transform's
  //position with an upwards normal.
  Plane playerPlane = new Plane(Vector3.up,
  transform.position + new Vector3(0, 0, 0));

  // Generate a ray from the cursor position
  Ray RayCast =
  Camera.main.ScreenPointToRay(Input.mousePosition);

  //Determine the point where the cursor ray intersects
  //the plane.
  float HitDist = 0;
```

```
// If the ray is parallel to the plane, Raycast will
//return false.
if (playerPlane.Raycast(RayCast, out HitDist))
{
  //Get the point along the ray that hits the
  //calculated distance.
  Vector3 RayHitPoint = RayCast.GetPoint(HitDist);

  Quaternion targetRotation =
  Quaternion.LookRotation(RayHitPoint -
  transform.position);

  Turret.transform.rotation =
  Quaternion.Slerp(Turret.transform.rotation,
  targetRotation, Time.deltaTime *
  turretRotSpeed);
}
```

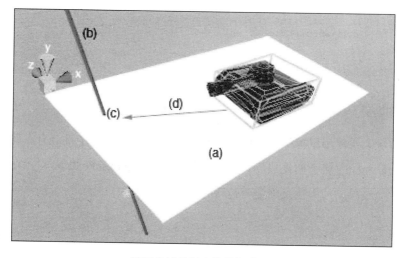

通过光线投射来使鼠标瞄准

它的工作流程如下：

1）设置一个平面，与玩家的坦克相交于一个向上的法线。

2）在屏幕空间中以鼠标位置发射一条射线（在上图中假设我们俯视着坦克）。

3）找到这条射线与平面的交叉点。

4）最后，找到从当前位置到该交点所要旋转的角度。

然后检查按键输入，并据此相应地移动或旋转坦克。

```
if (Input.GetKey(KeyCode.W))
{
  targetSpeed = maxForwardSpeed;
}
else if (Input.GetKey(KeyCode.S))
{
  targetSpeed = maxBackwardSpeed;
}
else
{
  targetSpeed = 0;
 }

if (Input.GetKey(KeyCode.A))
{
  transform.Rotate(0, -rotSpeed * Time.deltaTime,
  0.0f);
}
else if (Input.GetKey(KeyCode.D))
{
  transform.Rotate(0, rotSpeed * Time.deltaTime,
  0.0f);
}

//Determine current speed
curSpeed = Mathf.Lerp(curSpeed, targetSpeed, 7.0f *
Time.deltaTime);

transform.Translate(Vector3.forward * Time.deltaTime *
curSpeed);
  }
}
```

2.2　子弹类

接下来是 Bullet 预置，将会设置为两个激光般的材料垂直相交的平面，并且在 Shader 成员中设置 Particles/Additive。

Bullet 预置

Bullet.cs 文件中的代码如下所示：

```
using UnityEngine;
using System.Collections;

public class Bullet : MonoBehaviour
{
    //Explosion Effect
    public GameObject Explosion;

    public float Speed = 600.0f;
    public float LifeTime = 3.0f;
    public int damage = 50;
void Start()
{
  Destroy(gameObject, LifeTime);
}

void Update()
```

```
{
  transform.position +=
  transform.forward * Speed * Time.deltaTime;
}

void OnCollisionEnter(Collision collision)
{
  ContactPoint contact = collision.contacts[0];
  Instantiate(Explosion, contact.point,
  Quaternion.identity);
  Destroy(gameObject);
}
}
```

我们的子弹有三个属性：损坏程度、速度以及寿命，子弹在寿命结束后会自动销毁。

你可以看到子弹的 Explosion 属性与 ParticleExplosion 预置相链接（我们不打算深入讨论这个问题）。在 ParticleEffects 目录下有一个名为 ParticleExplosion 的预置。我们只需要把它拖动到这个成员上。当子弹击中在 OnCollisionEnter 方法中所描述的物体时，将会播放这个粒子效应。ParticleExplosion 预置使用一个名为 AutoDestruct 的脚本，它的作用是在一段时间之后销毁爆炸的对象。

2.3 设置航点

接下来，我们把 4 个立方体游戏对象放置在随机地点，作为场景中的航点，并将其命名为 WandarPoints。

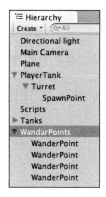

WanderPoints

这就是我们的 WanderPoint 对象：

WanderPoint 的属性

注意，我们需要一个名为 WandarPoint 的标签标记这些点。当我们试图从坦克的人工智能系统中找到航点时，我们将引用这个标记。正如你在它的属性中看到的那样，这里的航点仅仅是一个立方体游戏对象，它被禁用了网格渲染（Mesh Renderer）复选框且删除了盒碰撞器（Box Collider）对象。我们甚至可以使用空的游戏对象，因为对一个航点来说，我们需要的仅仅是它的位置，以及所有的转换数据。但是在这里我们使用了一个立方体对象，这样如果我们需要，就可以把这些航点可视化。

2.4 抽象有限状态机类

接下来，我们将实现一个通用抽象类，它定义了一个敌方坦克人工智能类必须实现的方法。

FSM.cs 文件中的代码如下所示：

```
using UnityEngine;
using System.Collections;

public class FSM : MonoBehaviour
```

```
    {
        //Player Transform
        protected Transform playerTransform;

        //Next destination position of the NPC Tank
        protected Vector3 destPos;

        //List of points for patrolling
        protected GameObject[] pointList;

        //Bullet shooting rate
        protected float shootRate;
        protected float elapsedTime;

        //Tank Turret
        public Transform turret { get; set; }
        public Transform bulletSpawnPoint { get; set; }

        protected virtual void Initialize() { }
        protected virtual void FSMUpdate() { }
        protected virtual void FSMFixedUpdate() { }

        // Use this for initialization
        void Start ()
        {
          Initialize();
        }

        // Update is called once per frame
        void Update ()
        {
          FSMUpdate();
        }

        void FixedUpdate()
        {
          FSMFixedUpdate();
        }
    }
```

敌方坦克在巡逻时，需要知道玩家坦克的位置、它们的下一个目标点，以及它们需要选择的航点列表。一旦玩家坦克出现在射击范围内，它们将旋转炮塔对象，然后开始以一定的射击速度射击。

继承类还需要实现三个方法：Initialize、FSMUpdate 和 FSMFixedUpdate。所以，这就是我们的坦克人工智能将要实现的抽象类。

2.5 敌方坦克的人工智能

现在来看一下敌方坦克的人工智能的代码。把我们的类称为 SimpleFSM，这个类继承自我们的有限状态机抽象类。

SimpleFSM.cs 文件中的代码如下所示：

```
using UnityEngine;
using System.Collections;

public class SimpleFSM : FSM
{

    public enum FSMState
    {
      None,
      Patrol,
      Chase,
      Attack,
      Dead,
    }
//Current state that the NPC is reaching
public FSMState curState;

//Speed of the tank
private float curSpeed;

//Tank Rotation Speed
private float curRotSpeed;

//Bullet
public GameObject Bullet;

//Whether the NPC is destroyed or not
private bool bDead;
private int health;
```

在这里我们声明了几个新的变量。敌方坦克的人工智能将会有 4 个不同的状态：巡逻、追逐、攻击和死亡。大体上，我们将实现的有限状态机是第 1 章中所描述的例子。

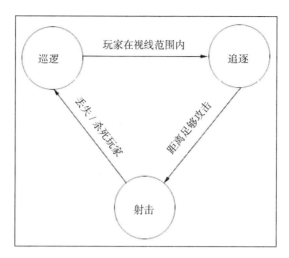

敌方坦克人工智能的有限状态机

在初始化方法中，我们建立了敌方人工智能坦克的属性默认值。然后，我们在局部变量中存储了航点的位置。我们通过 FindGameObjectsWithTag 方法，试着找到这些具有 WandarPoint 标签的对象，最终得到场景中的这些航点。

```
//Initialize the Finite state machine for the NPC tank
protected override void Initialize ()
{
  curState = FSMState.Patrol;
  curSpeed = 150.0f;
  curRotSpeed = 2.0f;
  bDead = false;
  elapsedTime = 0.0f;
  shootRate = 3.0f;
  health = 100;

  //Get the list of points
  pointList =
  GameObject.FindGameObjectsWithTag("WandarPoint");

  //Set Random destination point first
  FindNextPoint();

  //Get the target enemy(Player)
  GameObject objPlayer =
  GameObject.FindGameObjectWithTag("Player");

  playerTransform = objPlayer.transform;

  if (!playerTransform)
```

```
    print("Player doesn't exist.. Please add one "+
    "with Tag named 'Player'");

    //Get the turret of the tank
    turret = gameObject.transform.GetChild(0).transform;
    bulletSpawnPoint = turret.GetChild(0).transform;
}
```

在每一帧中都会被调用的 update 方法如下所示：

```
//Update each frame
protected override void FSMUpdate()
{
  switch (curState)
  {
    case FSMState.Patrol: UpdatePatrolState(); break;
    case FSMState.Chase: UpdateChaseState(); break;
    case FSMState.Attack: UpdateAttackState(); break;
    case FSMState.Dead: UpdateDeadState(); break;
  }

  //Update the time
  elapsedTime += Time.deltaTime;

  //Go to dead state is no health left
  if (health <= 0)
   curState = FSMState.Dead;
}
```

我们检查当前状态，然后调用相应的状态方法。一旦发现对象的生命值为 0 或小于 0 时，我们就会把坦克状态设为死亡。

2.5.1 巡逻状态

当我们的坦克在巡逻状态时，我们会检查它是否已达到目标点。如果是，它就会寻找下一个要跟随的目标点。FindNextPoint 方法主要是从所定义的航点中选择下一个随机目标点。如果它在向当前日标点前进的路上，它会检查与玩家坦克的距离。如果与玩家坦克的距离在一定范围内（在这里是 300），它就会更改为追逐状态。代码的其余部分只实现旋转和向前移动坦克。

```
protected void UpdatePatrolState()
{
  //Find another random patrol point if the current
  //point is reached
  if (Vector3.Distance(transform.position, destPos) <=
```

```
  100.0f)
  {
    print("Reached to the destination point\n"+
    "calculating the next point");

    FindNextPoint();
  }

  //Check the distance with player tank
  //When the distance is near, transition to chase state
  else if (Vector3.Distance(transform.position,
  playerTransform.position) <= 300.0f)
  {
    print("Switch to Chase Position");
    curState = FSMState.Chase;
  }

  //Rotate to the target point
  Quaternion targetRotation =
  Quaternion.LookRotation(destPos
  - transform.position);

  transform.rotation =
  Quaternion.Slerp(transform.rotation,
  targetRotation, Time.deltaTime * curRotSpeed);

  //Go Forward
  transform.Translate(Vector3.forward * Time.deltaTime *
  curSpeed);
}
protected void FindNextPoint()
{
  print("Finding next point");
  int rndIndex = Random.Range(0, pointList.Length);
  float rndRadius = 10.0f;
  Vector3 rndPosition = Vector3.zero;
  destPos = pointList[rndIndex].transform.position +
  rndPosition;

  //Check Range to decide the random point
  //as the same as before
  if (IsInCurrentRange(destPos))
  {
    rndPosition = new Vector3(Random.Range(-rndRadius,
    rndRadius), 0.0f, Random.Range(-rndRadius,
    rndRadius));
    destPos = pointList[rndIndex].transform.position +
    rndPosition;
  }
}
```

```
protected bool IsInCurrentRange(Vector3 pos)
{
  float xPos = Mathf.Abs(pos.x - transform.position.x);
  float zPos = Mathf.Abs(pos.z - transform.position.z);

  if (xPos <= 50 && zPos <= 50)
    return true;

    return false;
}
```

2.5.2　追逐状态

同样，当坦克处于追逐状态时，它会检查自己与玩家坦克的距离。如果距离足够近，那么它就会切换到攻击状态。如果玩家坦克已经跑得太远了，那么它就会切回巡逻状态。

```
protected void UpdateChaseState()
{
  //Set the target position as the player position
  destPos = playerTransform.position;

  //Check the distance with player tank When
  //the distance is near, transition to attack state
  float dist = Vector3.Distance(transform.position,
  playerTransform.position);
  if (dist <= 200.0f)
  {
    curState = FSMState.Attack;
  }
  //Go back to patrol is it become too far
  else if (dist >= 300.0f)
  {
    curState = FSMState.Patrol;
  }

  //Go Forward
  transform.Translate(Vector3.forward * Time.deltaTime *
  curSpeed);
}
```

2.5.3　攻击状态

如果玩家坦克足够接近攻击敌方人工智能坦克，那么敌方坦克就会向玩家坦克旋转炮塔，然后开始射击。如果玩家坦克超出范围，那么它会切回巡逻状态。

```
protected void UpdateAttackState()
{
  //Set the target position as the player position
  destPos = playerTransform.position;

  //Check the distance with the player tank
  float dist = Vector3.Distance(transform.position,
  playerTransform.position);

  if (dist >= 200.0f && dist < 300.0f)
  {
    //Rotate to the target point
    Quaternion targetRotation =
    Quaternion.LookRotation(destPos -
    transform.position);
    transform.rotation = Quaternion.Slerp(
    transform.rotation, targetRotation,
    Time.deltaTime * curRotSpeed);

    //Go Forward
    transform.Translate(Vector3.forward *
    Time.deltaTime * curSpeed);
    curState = FSMState.Attack;
  }
  //Transition to patrol is the tank become too far
  else if (dist >= 300.0f)
  {
    curState = FSMState.Patrol;
  }

  //Always Turn the turret towards the player
  Quaternion turretRotation =
  Quaternion.LookRotation(destPos
  - turret.position);

  turret.rotation =
  Quaternion.Slerp(turret.rotation, turretRotation,
  Time.deltaTime * curRotSpeed);

  //Shoot the bullets
  ShootBullet();
}
private void ShootBullet()
{
  if (elapsedTime >= shootRate)
```

```
  {
    //Shoot the bullet
    Instantiate(Bullet, bulletSpawnPoint.position,
    bulletSpawnPoint.rotation);
    elapsedTime = 0.0f;
  }
}
```

2.5.4 死亡状态

如果坦克到达死亡状态，那么我们将会让它爆炸。

```
protected void UpdateDeadState()
{
  //Show the dead animation with some physics effects
  if (!bDead)
  {
    bDead = true;
    Explode();
  }
}
```

这是一个很小但却能够给出一个漂亮爆炸效果的函数。我们只需应用一个 ExplosionForce 到我们的刚体组件，并增加一些随机的方向即可，其代码如下：

```
protected void Explode()
{
  float rndX = Random.Range(10.0f, 30.0f);
  float rndZ = Random.Range(10.0f, 30.0f);
  for (int i = 0; i < 3; i++)
  {
    rigidbody.AddExplosionForce(10000.0f,
    transform.position - new Vector3(rndX, 10.0f,
    rndZ), 40.0f, 10.0f);
    rigidbody.velocity = transform.TransformDirection(
    new Vector3(rndX, 20.0f, rndZ));
  }

  Destroy(gameObject, 1.5f);
}
```

进行伤害

如果我们的坦克被一颗子弹击中，它的生命值属性将会基于子弹对象的伤害值相应地减少。

```
void OnCollisionEnter(Collision collision)
{
  //Reduce health
  if(collision.gameObject.tag == "Bullet")
  {
    health -=collision.gameObject.GetComponent
    <Bullet>().damage;
  }
}
```

在 Unity 中打开 SimpleFSM.scene，就可以看到人工智能坦克巡逻、追逐和进攻玩家。我们的玩家坦克不会受到人工智能坦克的伤害，所以它永远不会被摧毁。但是人工智能坦克有生命值，并承担由玩家的子弹造成的损害。所以，一旦它们的生命值属性值变成零，你就会看到它们爆炸。

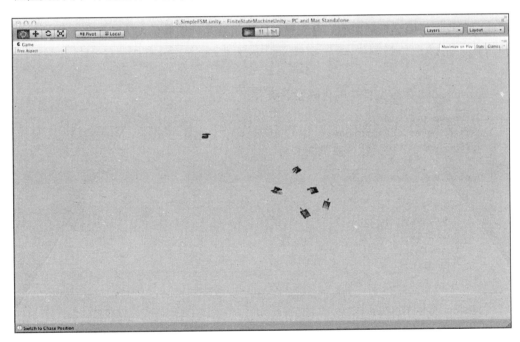

活动中的人工智能坦克

2.6 使用有限状态机框架

我们要在这里用的有限状态机框架是一个改编过的 C# 框架，你可以在 unifycommunity.com 找到它。该框架是确定有限状态机框架的一部分，基于 Eric Dybsend 所著的《Game Programming Gems 1》。在这里我们只关注这个有限状态机和我们之前的有限状态机的不同点。这个有限状态机的完整版可以在这本书附带的资源中找到。我们现在将要学习这个框架是如何工作的，并学习如何用它来实现我们的人工智能。

AdvanceFSM 和 FSMState 是框架的两个主要的类。接下来我们看看它们吧。

2.6.1 AdvanceFSM 类

AdvanceFSM 类主要管理所有实现了的 FSMState，并不断更新转换和当前状态。因此，在我们使用这个框架前，首先要做的事情就是声明我们的人工智能坦克计划实现的转换和状态。

AdvancedFSM.cs 文件中的代码如下所示：

```
using UnityEngine;
using System.Collections;
using System.Collections.Generic;

public enum Transition
{
    None = 0,
    SawPlayer,
    ReachPlayer,
    LostPlayer,
    NoHealth,
}

public enum FSMStateID
{
    None = 0,
    Patrolling,
    Chasing,
    Attacking,
    Dead,
}
```

它有一个列表对象来存储 FSMState 对象，还有两个局部变量来存储 FSMState 类的当前 ID，以及 FSMState 本身。

```
private List<FSMState> fsmStates;
    private FSMStateID currentStateID;
    public FSMStateID CurrentStateID
    {
      get
      {
        return currentStateID;
      }
    }
private FSMState currentState;
public FSMState CurrentState
{
  get
  {
    return currentState;
  }
}
```

AddFSMState 方法和 DeleteState 方法分别用来添加与删除列表中 FSMState 类的实体。在调用 PerformTransition 方法时，它会根据相应的转移来更新 CurrentState 变量的状态。

2.6.2　FSMState 类

FSMState 类负责管理所有到其他状态的转移。它有一个叫做 map 的字典对象来存储所有转移和状态的键值对。例如，SawPlayer 转移对应到 Chasing 状态，LostPlayer 转移对应到 Patrolling 状态，等等。

FSMState.cs 文件中的代码如下所示：

```
using UnityEngine;
using System.Collections;
using System.Collections.Generic;

public abstract class FSMState
{
    protected Dictionary<Transition, FSMStateID> map = new
```

```
        Dictionary<Transition, FSMStateID>();
    ...
```

AddTransition 和 DeleteTransition 方法仅仅从它的状态 – 转换字典对象 map 中进行添加和删除。GetOutputState 方法则从 map 对象中查找，并基于输入转换来返回状态。

该 FSMState 类还声明了两个抽象方法，它的子类需要实现这两个方法。如下所示：

```
    ...
    public abstract void Reason(Transform player, Transform npc);
    public abstract void Act(Transform player, Transform npc);
    ...
```

Reason 方法要检查当前状态是否需要转换到另一个状态。而 Act 方法则为 currentState 变量执行实际的任务，比如向目标点移动，然后追逐并攻击玩家。这两个方法都需要转换玩家和 NPC 实体的数据，而这些都可以通过 FSMState 类来获得。

2.6.3　状态类

与我们之前介绍的 SimpleFSM 例子不同，我们坦克的当前状态分别写入了继承自 FSMState 类的独立的类，比如 AttackState、ChaseState、DeadState 和 PatrolState ，每个类都实现了 Reason 和 Act 方法。我们把 PatrolState 类拿出来，作为例子研究一下。

PatrolState 类

PatrolState 类有三个方法：构造函数、Reason 方法和 Act 方法。PatrolState.cs 文件中的代码如下所示：

```
using UnityEngine;
using System.Collections;

public class PatrolState : FSMState
{

    public PatrolState(Transform[] wp)
    {
      waypoints = wp;
      stateID = FSMStateID.Patrolling;
```

```
    curRotSpeed = 1.0f;
    curSpeed = 100.0f;
}

public override void Reason(Transform player,
Transform npc)
{
    //Check the distance with player tank
    //When the distance is near, transition to chase state
    if (Vector3.Distance(npc.position, player.position) <=
    300.0f)
    {
        Debug.Log("Switch to Chase State");
        npc.GetComponent
        <NPCTankController>().SetTransition(
        Transition.SawPlayer);
    }
}

public override void Act(Transform player, Transform npc)
{
    //Find another random patrol point if the current
    //point is reached

    if (Vector3.Distance(npc.position, destPos) <= 100.0f)
    {
        Debug.Log("Reached to the destination" +
        point\ncalculating the next point");
        FindNextPoint();
    }

    //Rotate to the target point
    Quaternion targetRotation =
    Quaternion.LookRotation(destPos - npc.position);

    npc.rotation = Quaternion.Slerp(npc.rotation,
    targetRotation, Time.deltaTime * curRotSpeed);

    //Go Forward
    npc.Translate(Vector3.forward *
    Time.deltaTime * curSpeed);
    }
}
```

构造函数方法将航点数组作为参数，并把它们存储在一个本地数组中，然后初始化它们的属性，如运动和旋转速度等。Reason方法检查它本身（人工智能坦克）和玩家坦克之间的距离。如果玩家坦克在一定范围内，它将使用NPCTankController类的SetTransition方法，把转换ID设置为SawPlayer转移，如下所示：

NPCTankController.cs文件中的代码如下：

```
public void SetTransition(Transition t)
{
    PerformTransition(t);
}
```

它只是一个调用了AdvanceFSM类的PerformTransition方法的包装方法。此方法将CurrentState变量更新为能响应Transition对象所对应的状态，并更新FSMState类中的状态–转移字典对象map。Act方法仅仅更新人工智能坦克的目标点，将坦克向目标点的方向旋转，然后向前移动。其他的状态类同样遵循这个模板，但是使用不同的reason和act程序。我们已经在前面简单的有限状态机例子中了解过它们，此处不再赘述了。看看你自己是否能够成功地设置这些类。如果在这个过程中遇到了困难，你可以在本书附带的资源中查看需要的代码。

2.6.4 NPCTankController 类

在我们的人工智能坦克中，NPCTankController类将继承自AdvanceFSM。以下是我们设置NPC坦克状态的类的方法：

```
...
    private void ConstructFSM()
    {


        PatrolState patrol = new PatrolState(waypoints);
        patrol.AddTransition(Transition.SawPlayer,
        FSMStateID.Chasing);
        patrol.AddTransition(Transition.NoHealth,
        FSMStateID.Dead);

        ChaseState chase = new ChaseState(waypoints);
        chase.AddTransition(Transition.LostPlayer,
        FSMStateID.Patrolling);
        chase.AddTransition(Transition.ReachPlayer,
```

```
        FSMStateID.Attacking);
        chase.AddTransition(Transition.NoHealth,
        FSMStateID.Dead);

        AttackState attack = new AttackState(waypoints);
        attack.AddTransition(Transition.LostPlayer,
        FSMStateID.Patrolling);
        attack.AddTransition(Transition.SawPlayer,
        FSMStateID.Chasing);
        attack.AddTransition(Transition.NoHealth,
        FSMStateID.Dead);
        DeadState dead = new DeadState();
        dead.AddTransition(Transition.NoHealth,
        FSMStateID.Dead);

        AddFSMState(patrol);
        AddFSMState(chase);
        AddFSMState(attack);
        AddFSMState(dead);
    }
```

下面是我们的有限状态机框架美妙的地方。因为状态都是在相应的类中自我管理的，所以我们的 NPCTankController 类只需要对当前工作的状态调用 Reason 方法和 Act 方法，这消除了我们写一长串 if/else 和 switch 语句的需要，即消除了臃肿的代码。现在取而代之的是，我们的状态恰好在各自的类中包装好。在更大型的项目中，随着状态数量的增长，以及状态之间的转换变得越来越复杂，我们的代码也将更加易于管理。

```
    ...
        protected override void FSMFixedUpdate()
        {
            CurrentState.Reason(playerTransform, transform);
            CurrentState.Act(playerTransform, transform);
        }
```

我们的框架就是这样工作的。简要地说，使用这个框架的主要步骤如下：

1）在 AdvanceFSM 类中声明转移和状态。

2）编写继承自 FSMState 类的状态类，并且实现 Reason 方法和 Act 方法。

3）编写继承自 AdvanceFSM 类的自定义的 NPC 人工智能类。

4）从 State 类创建状态，然后用 FSMState 类的 AddTransition 方法将它们添加至转移和状态关联关系中。

5）使用 AddFSMState 方法将这些状态添加到 AdvanceFSM 类的状态列表中。

6）在游戏更新周期中，调用 CurrentState 变量的 Reason 方法和 Act 方法。

你可以在 Unity 中运行一下 AdvancedFSM.scene。它将会以与前面的 SimpleFSM 例子一样的方式运行。但是现在的代码和类将变得更有条理且更易于管理。

2.7　本章小结

在本章中，我们学会了如何在 Unity3D 中基于状态机来实现一个简单的坦克游戏。首先我们了解了如何用 switch 语句以最简单的方式实现有限状态机，然后研究了如何使用一个框架，来使人工智能的实现更易于管理和扩展。在下一章中，我们将学习随机性和概率，学习如何利用它们来让我们的游戏结果更加难以预测。

第 3 章　*Chapter 3*

随机性和概率

在本章中，我们将学习如何把概率的概念应用到游戏人工智能中。本章将更多地介绍随机性和概率主题下的一些通用的游戏人工智能开发技术，专门介绍 Unity3D 的篇幅会有所减少。此外，这些概率的概念可以应用到任何游戏开发的中间件或技术框架中。我们将在 Unity3D 中使用单 C＃，来进行主要使用控制台输出的数据的演示，且不会涉及太多 Unity3D 引擎的具体特点和编辑器本身。

游戏开发者使用概率或置信因子，让人工智能角色的行为以及游戏世界具有不确定性，以此来让人工智能系统的输出结果更难以预知，从而给玩家提供更刺激和更具挑战性的游戏体验。

这里以一个典型的足球比赛为例。足球比赛中有这样一条规则，如果一方球员从对方球员那里抢球时犯规了，就会被判罚一个直接任意球。现在，对于这种情况，游戏开发者以 98% 概率来判罚一个任意球，而不是每次都给出任意球。这样的结果是，大多数时候，玩家将获得一个直接任意球。但是当剩余的 2% 的概率发生时，即使你打了对方球员，你知道这应该是一个直接任意球，但是裁判却漏判了，这可以对两个队伍的玩家提供一定的情感反馈（假设你正在与另一个人进行对战）。另一个玩家会感到很生气，并且很失望，而你会感到幸运和满足。毕竟，裁判也只是个普通人，他们不能在所有时间都保证 100% 的正确。

所以我们在游戏人工智能中引入概率，以避免每次都做出同样的决策，或一遍又一遍地重复相同的动作，让游戏和角色更加活灵活现，并且看上去更加真实。在概率论领域内有许多值得讨论和辩论的主题。所以，在这一简短的章节中，我们只学习基本的概念，以及如何在 Unity3D 中实现其中一部分概念。

在本章中，我们将会复习随机性与概率。我们要创建一个简单的骰子游戏，并给出一些应用概率论以及动态人工智能的例子。最后，我们会用一个简易的老虎机的例子来结束本章，并添加更多的随机特性。

3.1 随机性

从根本上说，概率是某种特定的条件或结果，在随机选择的前提下，在所有可能的结果中出现的可能性的估量。因此，在讨论概率时，我们不能忽略重要的随机性。随机数生成器（RNG）在需要生成不可预测的结果时是非常重要的。掷骰子是最简单也可能是最古老的生成 1 至 6 的随机数的方法。伪随机数生成器（PRNG）则可以通过计算来生成随机数，它可以基于初始的种子值确定一个相同的随机数序列。所以，从理论上来讲，如果知道了种子值，我们就可以再次生成相同的随机数序列，这样它们就不能视为是真正的随机数。种子值通常由计算机的状态来生成，比如从计算机开始运行至现在经过的毫秒数。有一些随机数生成器则更具随机性。如果我们开发的是一个加密程序，就需要找到一个随机性更强的随机数生成器。对于我们将要开发的游戏，Unity 自带的随机数生成器就足够了。现在我们就来看看如何在 Unity3D 中生成随机数。

Random 类

Unity3D 脚本有一个用来生成随机数据的 Random 类。使用最广泛的两个属性分别是 seed 和 value：

```
static var seed : int
```

你可以通过设置 Random 类的 seed 属性来给随机数生成器生成种子。我们通常不会一再设置相同的种子，因为这样会导致随机数生成器生成相同的可预测的随机数序列。保持相同种子的唯一目的就是为了测试。

```
static var value : float
```

你可以读取 Random.value 属性的值以得到 0.0（包含）至 1.0（包含）之间的随机数。0.0 和 1.0 这两个值都可能由这个属性返回。另一个很方便的经典方法是极差法（Range method）。

```
static function Range (min : float, max : float) : float
```

权差法可以用来生成某个范围内的随机数。当给定整数值时，它将返回一个位于最小值（包含）和最大值（不包含）之间的值。这意味着它可能返回 0，但不会返回 1。如果你输入的数值是浮点数，则返回值将介于最小值（包含）和最大值（包含）之间，注意哪个值是包含的，哪个值是不包含的。因为整数随机值的范围不包含最大值，所以我们需要输入 n+1 作为最大值的范围，在这里 n 是我们想要的最大的随机整数。然而，对浮点数随机值来说，其范围包含了最大值。

简单的随机掷骰子游戏

让我们在新场景中设置一个非常简单的掷骰子游戏，它将生成一个位于 1 和 6 之间的随机数，并核对输入值。如果输入值与掷骰子生成的随机数相同，那么玩家就会胜利，如下 DiceGame.cs 文件所示：

```csharp
using UnityEngine;
using System.Collections;

public class DiceGame : MonoBehaviour {

public string inputValue = "1";

void OnGUI() {
  GUI.Label(new Rect (10, 10, 100, 20), "Input: ");
    inputValue = GUI.TextField(new Rect(120, 10, 50, 20),
      inputValue, 25);
```

```
    if (GUI.Button(new Rect(100,50,50,30),"Play")) {
      Debug.Log("Throwing dice...");
      Debug.Log("Finding random between 1 to 6...");
      int diceResult = Random.Range(1,7);
      Debug.Log("Result: " + diceResult);
    if (diceResult == int.Parse(inputValue)) {
      guiText.text = "DICE RESULT: " +
        diceResult.ToString() + "\r\nYOU WIN!";
      }
    else {
      guiText.text = "DICE RESULT: " +
        diceResult.ToString() + "\r\nYOU LOSE!";
      }
    }
  }
}
```

我们在 OnGUI() 方法中实现这个简单的掷骰子游戏，因为我们想通过渲染一些类似于标签和文本字段的 GUI 控件来输入变量，并设置一个播放按钮。对象 guiText 将用来显示结果。定位到 Game Object | Create Other | GUI Text，把一个 guiText 对象添加到场景中，并把脚本添加到对象中。此时如果运行游戏，输出将如下图所示。

简易掷骰子游戏的结果

这是一个完全随机的游戏，不涉及对概率的任何修改。骰子的每一面都具有相同的被选中的概率。

3.2 概率的定义

基于具体情境和领域内容来定义概率的方式有许多。最常见的概念是：概率指一个事件成功发生的可能性。事件 A 发生的可能性通常表示为 P(A)。要计算 P(A)，我们就需要知道事件 A 所有可能发生的方式或次数 (n)，以及所有可能的事件可能发生的总次数 (N)。

所以，事件 A 发生的概率可以这样计算

```
P(A) = n / N
```

P(A) 是事件 A 发生的概率，它等于 A 可能发生的方式的数目 (n) 除以所有可能的结果 (N)。如果 P(A) 是事件 A 成功发生的概率，那么事件 A 不发生的概率，或者说事件 A 失败的概率就等于：

```
Pf (A) = 1 - P.(A)
```

概率的范围是从 0 至 1 的一个小数。概率为 0 表示期望的事件没有任何发生的机会，概率为 1 则表示该事件 100% 会发生。并且 P(A) + Pf (A) 一定等于 1。既然概率值的范围在 0 至 1 之间，那么我们就可以将其乘以 100 得出百分比数值。

3.2.1 独立与关联事件

概率论中另一个重要的概念是，在特定的条件下，一个特定事件的发生，以某种方式取决于任何其他事件的发生。例如，掷两次骰子是两个独立的事件。每次掷骰子，每一面朝上的概率都是 1/6。但是，从同一叠纸牌中抽两张牌就是两个关联事件。如果你第一次抽到一张王，那你下一次再抽到王的概率就会减小。

3.2.2 条件概率

同时掷两个骰子时，两个骰子都为 　 的概率是多少？这是两个条件事件：第一个骰子是一，同时第二个骰子也是一。计算两个骰子的结果都是一的概率依赖于这两个条件事件的结果。第一个骰子为一的概率是 1/6，同样第二个骰子为一的概率也是 1/6，因此答案是 1/6 × 1/6，即 1/36，或是 2.8%。

现在让我们来思考另一个例子，两个骰子掷出的结果相加为 2 的概率是多少？因为只有一种情况可以得出这个和，即 1 和 1，概率仍然与两个骰子得到相同的数字的概率相同。因此，结果仍是 1/36。

但是两个骰子的结果之和为 7 的概率是什么？正如你看到的那样，总共有 6 种情况可以得出和为 7 的结果，如下表所示：

第 1 次所掷的结果	第 2 次所掷的结果
1	6
2	5
3	4
4	3
5	2
6	1

因此，得到一个和为 7 的结果的概率是 1/6，即 16.7%。这些是条件概率的一些实例，在这些例子中两个事件相互依赖，共同得出需要的结果。

一个改装过的骰子

现在假设我们并没有那么诚实，我们的骰子改装过，让数字六那面朝上的概率增加了一倍。一个 6 面的骰子，每一面朝上的概率大约是 1/6（约 17%）。由于我们将数字 6 那面朝上的概率增加了一倍，因此得到数字 6 那面的概率也需要增加一倍，即 34%，则得到剩余的 5 个面的概率将减少为 13.2%。

实现这种经改装的骰子的算法，最简单的方法是生成一个 0 到 100 之间的随机值，检查这个随机值是否在 1 到 35 之间。如果是，则返回 6；如果不是，则返回 1 至 5 之间的一个随机值，这些返回的随机值都具有相同的概率 13%。

下面就是我们的 throwLoadedDice() 方法：

```
int throwDiceLoaded() {
  Debug.Log("Throwing dice...");
    int randomProbability = Random.Range(1,101);
    int diceResult = 0;
    if (randomProbability < 36) {
```

```
        diceResult = 6;
      }
    else {
      diceResult = Random.Range(1,5);
      }
  Debug.Log("Result: " + diceResult);
    return diceResult;
  }
```

如果我们通过多次掷骰子来测试改装骰子的算法，你会注意到值为6的情况发生得比平常多。下面是新的OnGUI()方法：

```
  void OnGUI() {
    GUI.Label(new Rect (10, 10, 50, 20), "Input: ");
    inputValue = GUI.TextField(new Rect(60, 10, 50, 20),
      inputValue, 25);
      if (GUI.Button(new Rect(60,40,50,30),"Play")) {
        int totalSix = 0;
          for (int i=0;i<10;i++) {
            int diceResult = throwDiceLoaded();
            if (diceResult == 6) totalSix++;
            if (diceResult == int.Parse(inputValue)) {
              guiText.text = "DICE RESULT: " +
                diceResult.ToString()+"\r\nYOU WIN!";
            }
  else {
    guiText.text = "DICE RESULT: " +
      diceResult.ToString()+"\r\nYOU LOSE!";
        }
      }
    Debug.Log("Total of six: " + totalSix.ToString());
  }
}
```

我们用OnGUI()方法掷了10次骰子，其中我至少有两到三次得到了数字6（也就是10次中的33%）。但是，如果你正常地掷没有经过任何改装的骰子，你掷不到数字6的可能性会更大。请记住，在这里掷到数字6的概率虽然有35%，但你仍然有可能掷了10次骰子也没有掷到6，尽管这件事可能性不大。

3.3 人物个性

我们也可以使用不同的概率来指定游戏中人物的专长。假设我们设计了一个关于当地政府的人口管理的游戏提案。我们需要解决和模拟类似税收与吸引全球人才，移民与社会凝聚力等问题。在我们的提案中有三个类型的角色：工人、科学家和专业人士。他们在执行特定任务时的效率如下表中所定义：

角色	建造	研发	协作任务
工人	95	2	3
科学家	5	85	10
专业人士	10	10	80

让我们来学习如何实现这个机制。比如，玩家需要建新房以容纳增加的人口，一个房子建造完成需要1000单位的工作量。我们用预先指定的值作为工作负荷，即每单位类型每秒可以完成的某一特定任务。所以如果你使用一个工人来建造一个房子，只需要大约10秒（1000÷95）就能完成施工，而如果你试图使用一个科学家来建造这所房子，就需要超过三分钟的时间（1000÷5= 200秒）。同样，其他的任务如研究与开发和在公司上班，也适用于这样的情况。这些影响因素可随着游戏的情节发展进行调整，使得一些早期的任务变得简单，且花费更少的时间。

接下来我们介绍一些可以由特定个体发现的特殊物品。现在，我们不希望某个个体在特定时间完成它的任务，就给出这些物品奖励。相反，我们要以更加惊喜的形式奖励玩家。因此，我们要根据该个体的类型来确定它找到某样东西的概率，如下表所示：

特殊物品	工人	科学家	专业人士
原材料	0.3	0.1	0.0
新科技	0.0	0.3	0.0
额外收入	0.1	0.2	0.4

前面的表意味着一个工人只要他们建了工厂或房子，就有30%的概率发现一些原材料，和10%的概率以赚取额外的收入。这让游戏玩家更期待他们完成某些工作之后可能到来的奖励，因为玩家并不知道奖励的内容，这让游戏变得更加有趣。

3.4　有限状态机和概率

我们在第 2 章中讨论了有限状态机（FSM），有限状态机使用了两个简单的 switch 语句以及 FSM 框架。决定执行哪个状态完全基于一个给定条件的值的真假。还记得我们那个由人工智能控制的坦克的有限状态机吗？

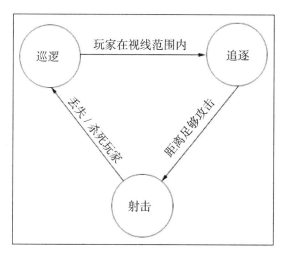

人工智能坦克的有限状态机

为了使我们的人工智能更加有趣且更不可预知，我们可以给坦克实体一些具有一定概率的选项以供它们选择，而不是每当某个条件得到满足的时候就做相同的事情。例如，在前面的有限状态机中，一旦玩家在人工智能坦克的视线内，它就会去追逐玩家坦克。相反，我们可以给人工智能另一种状态，如以 50% 的概率逃离，如下图所示：

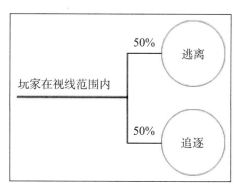

有限状态机使用的概率

现在当人工智能坦克发现玩家时，它有 50% 的概率会逃跑，并有可能向指挥部等报告，而不是每次都追逐玩家。我们可以用和前面的掷骰子游戏中一样的方式来实现这种机制。首先我们需要生成一个 1 至 100 的随机数，看看这个值是在 1 至 50 之间还是在 51 至 100 之间（或者我们可以随机选择 0 或 1），然后相应地选择一个状态。另一个实现这种机制的方法是，用与其对应的概率成比例的一些选项对一个数组进行填充。然后从这个池子中像挑选彩票赢家一样随机地选择一个状态。让我们来看看如何使用这个技巧，如下面的 FSM.cs 文件所示：

```
using UnityEngine;
using System.Collections;

public class FSM : MonoBehaviour {
  public enum FSMState {
    Chase,
    Flee
  }

  public int chaseProbabiilty = 50;
  public int fleeProbabiilty = 50;

  //a poll to store the states according to their
    //probabilities
  public ArrayList statesPoll = new ArrayList();
  void Start () {
    //fill the array
      for (int i = 0; i < chaseProbabiilty; i++) {
        statesPoll.Add(FSMState.Chase);
      }
      for (int i = 0; i < fleeProbabiilty; i++) {
        statesPoll.Add(FSMState.Flee);
      }
  }

  void OnGUI() {
      if (GUI.Button(new Rect(10,10,150,40),
        "Player on sight")) {
         int randomState = Random.Range(0, statesPoll.Count);
         Debug.Log(statesPoll[randomState].ToString());
      }
    }
  }
```

在我们的 OnGUI() 方法中，当你点击鼠标按钮，仅仅是从我们的 statesPoll 数组项中随机地选择一个。显而易见的是，具有更多数组项，就有更高的概率被选中。

3.5 动态人工智能

我们也可以用概率来指定人工智能角色的智力水平，以及全局游戏设置，这影响了游戏整体的难易度，并保证了游戏的挑战性，让游戏对玩家有足够的吸引力。正如《The Art of Game Design》(作者 Jesse Schell，Morgan Kaufmann 出版社)一书中所述，只要我们保持玩家一直处于流状态中，玩家就将持续地玩我们的游戏。

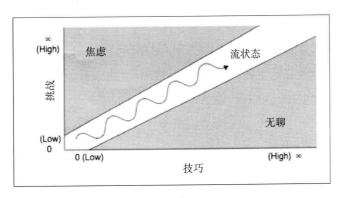

流状态

如果我们在玩家具备必要的技能之前，就给他们严峻的挑战，让他们去解决，玩家会感到焦虑和挫败。但是，一旦他们已经掌握了这些必要的技能，如果我们仍把游戏控制在同样的难度下，那么玩家就会觉得无聊。灰色地带可以使玩家长时间保持在难和易两个极端状态中间，也就是原作者提到的流状态。为保持玩家在流状态中，游戏设计者需要提供一些挑战和任务，这些挑战与任务要与玩家随着游戏的推进而不断进步的技能相匹配。然而，要找到适用于所有玩家的一个值不是一项简单的任务，因为对于不同的玩家，其学习的速度和对游戏的期望值各不相同。

解决这个问题的方法之一是在游戏的过程中收集玩家的尝试和结果，并相应地调整人工智能对手的概率。这种方法虽然可以让游戏更加引人入胜，但是还有很多玩家不喜欢这种做法，因为此方法会带走玩家完成一场艰难的游戏的自豪感和满足感。毕竟，历经重重挑战击败一个非常强大的人工智能 boss，与因为人工智能的水平很低所以赢得胜利相比，游戏带给玩家的满足感和回报感要强得多。如果玩家发现人工智能变得愚蠢，且没有足够的能力与之匹敌，他们会感觉更糟。因此在我们将这种技术应用在游戏中时，必须足够谨慎。

3.6 示例老虎机

在本章最后的示例中，我们将设计并实现一个有十个符号和三个转轮的老虎机游戏。从简化游戏的目的出发，我们只使用数字 0 到 9 作为我们的符号。有些老虎机使用水果的形象或其他简单的形状，如铃铛、星星和信件。还有些老虎机常常以受欢迎的电影或电视节目为特定主题，作为其特许经营。由于我们有十个符号和三个转轮，这是一个总数为 1000（10^3）种可能的组合。

3.6.1 随机老虎机

这个随机老虎机的示例类似于以前的骰子示例。在这个例子中三个转轮将产生三个随机数。当你在三条赔付线上都得到相同的符号时，你才会获得彩金。为了让它更简单，在这个例子中我们将只用一条赔付线来进行游戏。如果玩家获胜，游戏会返回 500 倍的投注金额。

建立一个场景，4 个 GUI 文本对象代表 3 个转轮和结果信息。

GUI 文本对象

以下是我们的新脚本，如 SlotMachine.cs 文件所示：

```
using UnityEngine;
using System.Collections;
```

```
public class SlotMachine : MonoBehaviour {

  public float spinDuration = 2.0f;
  public int numberOfSym = 10;
  private GameObject betResult;

  private bool startSpin = false;
  private bool firstReelSpinned = false;
  private bool secondReelSpinned = false;
  private bool thirdReelSpinned = false;

  private string betAmount = "100";

  private int firstReelResult = 0;
  private int secondReelResult = 0;
  private int thirdReelResult = 0;

  private float elapsedTime = 0.0f;

    //Use this for initialization
  void Start () {
    betResult = gameObject;
    betResult.guiText.text = "";
  }
  void OnGUI() {
    GUI.Label(new Rect(200, 40, 100, 20), "Your bet: ");
    betAmount = GUI.TextField(new Rect(280, 40, 50, 20),
      betAmount, 25);
      if (GUI.Button(new Rect(200, 300, 150, 40),
        "Pull Liver")) {
      Start();
        startSpin = true;
      }
    }

  void checkBet() {
    if (firstReelResult == secondReelResult &&
      secondReelResult == thirdReelResult) {
        betResult.guiText.text = "YOU WIN!";
      }
    else {
      betResult.guiText.text = "YOU LOSE!";
    }
  }

    //Update is called once per frame
    void FixedUpdate () {
      if (startSpin) {
        elapsedTime += Time.deltaTime;
```

```
      int randomSpinResult = Random.Range(0,
        numberOfSym);
    if (!firstReelSpinned) {
      GameObject.Find("firstReel").guiText.text =
        randomSpinResult.ToString();
    if (elapsedTime >= spinDuration) {
      firstReelResult = randomSpinResult;
      firstReelSpinned = true;
      elapsedTime = 0;
    }
  }
    else if (!secondReelSpinned) {
      GameObject.Find("secondReel").guiText.text =
        randomSpinResult.ToString();
    if (elapsedTime >= spinDuration) {
      secondReelResult = randomSpinResult;
      secondReelSpinned = true;
      elapsedTime = 0;
    }
  }
    else if (!thirdReelSpinned) {
      GameObject.Find("thirdReel").guiText.text =
        randomSpinResult.ToString();
    if (elapsedTime >= spinDuration) {
      thirdReelResult = randomSpinResult;
        startSpin = false;
        elapsedTime = 0;
        firstReelSpinned = false;
        secondReelSpinned = false;
      checkBet();
      }
    }
  }
}
}
```

将脚本附加到 betResult guiText 对象上，然后将 guiText 元素放置在屏幕上。在我们的 OnGUI() 方法中有个名为 Pull Lever 的按钮，点击这个按钮后，将设置 startSpin 标志为 true。而在我们的 FixedUpdate() 方法中，如果 startSpin 为 true，将生成每个转轮的随机值。最后，一旦我们拿到了第三盘的值，那么我们重置 startSpin 为 false。在得到每个转轮的随机值的同时，我们也记录了从拉动拉杆起过去了多长时间。现实世界中的老虎机，一个转轮通常需要 3 ~ 5 秒来产生结果。因此，按照 spinDuration 的指示，我们也经过了一些时间才显示出最后的随机值。如果你模拟此场景，单击 Pull Lever 按钮，你能看到最终结果就如下图所示：

运行中的随机老虎机游戏

既然你赢的机会是1%，那么在你连续几次输掉后游戏就会变得乏味。如果你曾经玩过老虎机，你就会知道它当然不是这样工作的，至少不会从来不赢。通常在玩的过程中你会赢几次。尽管这些小赢收不回你的本金，并且在长期玩的过程中，大多数玩家总会玩到身无分文，但是老虎机会以中奖的图形和声音粉饰自己，研究人员将其称为伪装成胜利的损失。

因此我们更想修改一点规则，取代单一的赢得头奖的胜利方式，让玩家在玩的过程中一直能够收到一些小的回报。

3.6.2　加权概率

真正的老虎机有一些所谓的赔率表和转轮带（PARS）表，就像机械的完整设计文件。PARS表用于指定赔付的比例、中奖图案以及玩家的奖品等。显而易见的是，支付奖金的数额和中奖的频率需要仔细选择，让房子（老虎机）在一段时间内收集部分投注金额，同时把剩余的部分返还给玩家，以让老虎机持续地吸引玩家。这就是所谓的投资回报率或向玩家返还（RTP）。例如，一个90％RTP的老虎机意味着当时间足够长时，老虎机向玩家返还的金额平均为所有投注金额的90％。

在本示例中，我们不会把重点放在为房子选择最优值上，好让它在一定时间内获得某种特定的成功，也不会把重点放在维持某种特定的投资回报率上。我们更想在某些特定的符号上使用加权概率，让它们比平时更频繁地出现。比如，我们想让符号"零"在第一转轮和第三转轮出现的频率比平时多 20%，并返回一个金额为 1/2 赌注的小彩金，也就是说，如果玩家的第一转轮和第三转轮上出现了符号"零"，他们只会输掉其赌注的一半，实质上是把玩家的损失粉饰为小赢。目前，符号"零"出现的概率是 1/10，即 10%。现在，我们将符号"零"在第一转轮和第三转轮上出现的概率调整为 30%，如下 SlotMachineWeighted.cs 文件所示：

```
using UnityEngine;
using System.Collections;

public class SlotMachineWeighted : MonoBehaviour {
  public float spinDuration = 2.0f;
  public int numberOfSym = 10;
  public GameObject betResult;

  private bool startSpin = false;
  private bool firstReelSpinned = false;
  private bool secondReelSpinned = false;
  private bool thirdReelSpinned = false;

  private int betAmount = 100;

  private int creditBalance = 1000;
  private ArrayList weightedReelPoll = new ArrayList();
  private int zeroProbability = 30;

  private int firstReelResult = 0;
  private int secondReelResult = 0;
  private int thirdReelResult = 0;

  private float elapsedTime = 0.0f;
```

其中添加了新的变量声明，如 zeroProbability，来指定符号"零"出现在第一转轮和第三转轮的概率。weightedReelPoll 数组列表将根据其分布来填充所有符号（零到九），好让我们可以像在前面的 FSM 例子中所做的那样，从中随机地拉取一个。然后，我们在 Start() 方法中把列表初始化，如下代码所示：

```
void Start () {
  betResult = gameObject;
  betResult.guiText.text = "";
    for (int i = 0; i < zeroProbability; i++) {
      weightedReelPoll.Add(0);
    }
```

```
nt remainingValuesProb = (100 - zeroProbability)/9;
  for (int j = 1; j < 10; j++) {
    for (int k = 0; k < remainingValuesProb; k++) {
      weightedReelPoll.Add(j);
    }
  }
}

void OnGUI() {
  GUI.Label(new Rect(150, 40, 100, 20), "Your bet: ");
  betAmount = int.Parse(GUI.TextField(new Rect(220, 40,
    50, 20), betAmount.ToString(), 25));
  GUI.Label(new Rect(300, 40, 100, 20), "Credits: " +
    creditBalance.ToString());
    if (GUI.Button(new Rect(200,300,150,40),"Pull Lever")) {
      betResult.guiText.text = "";
      startSpin = true;
    }
  }
```

接下来是我们修改过的 checkBet() 方法。现在不是仅给出一个头奖，而是考虑以下这五种情况：中奖、失败但伪装成取胜、差点中奖、任何两个符号上的第一行和第三行匹配，当然还有输掉的情况：

```
void checkBet() {
  if (firstReelResult == secondReelResult &&
    secondReelResult == thirdReelResult) {
    betResult.guiText.text = "JACKPOT!";
    creditBalance += betAmount * 50;
  }
  else if (firstReelResult ==0 && thirdReelResult ==0) {
    betResult.guiText.text = "YOU WIN" +
      (betAmount/2).ToString();
      creditBalance -= (betAmount/2);
  }
  else if (firstReelResult == secondReelResult) {
    betResult.guiText.text = "AWW... ALMOST JACKPOT!";
  }
  else if (firstReelResult == thirdReelResult) {
    betResult.guiText.text = "YOU WIN" +
      (betAmount*2).ToString();
      creditBalance -= (betAmount*2);
  }
  else {
    betResult.guiText.text = "YOU LOSE!";
      creditBalance -= betAmount;
  }
}
```

在 checkBet() 方法中，如果玩家中了头奖，我们就让老虎机返回 50 倍的赌注；如果第一转轮和第三转轮都出现了零的符号，我们就让玩家失去 50% 的赌注；如果第一转轮和第三转轮都出现了除零以外的同一符号，我们就让玩家赢得两倍的赌注。我们在 FixedUpdate() 方法中生成三个转轮的值的代码如下所示：

```
void FixedUpdate () {
  if (!startSpin) {
    return;
  }
  elapsedTime += Time.deltaTime;
  int randomSpinResult = Random.Range(0,
    numberOfSym);
  if (!firstReelSpinned) {
    GameObject.Find("firstReel").guiText.text =
      randomSpinResult.ToString();
  if (elapsedTime >= spinDuration) {
    int weightedRandom = Random.Range(0,
      weightedReelPoll.Count);
    GameObject.Find("firstReel").guiText.text =
    weightedReelPoll[weightedRandom].ToString();
    firstReelResult =
      (int)weightedReelPoll[weightedRandom];
    firstReelSpinned = true;
    elapsedTime = 0;
    }
  }
  else if (!secondReelSpinned) {
  GameObject.Find("secondReel").guiText.text =
    randomSpinResult.ToString();
  if (elapsedTime >= spinDuration) {
  secondReelResult = randomSpinResult;
  secondReelSpinned = true;
  elapsedTime = 0;
  }
  }
}
```

对于第一转轮，在转轮旋转期间我们真实地展现了它真正的随机值。但是，一旦时机成熟，我们从中选择的值就是已经根据概率分布填充好的符号。因此，符号“零”出现的概率比其余符号出现的概率多 30%，如下图所示：

事实上如果在第一转轮和第三转轮上得到符号零，玩家就输掉了他的部分赌注，但是，我们可以让它看起来像是一个胜利。在这里它虽然是个不怎么样的消息，但如果我们把这个消息和漂亮的图形结合起来，比如放烟花，并伴以激动人心的胜利的音效，就能起到我们想要的效果，然后吸引玩家一次又一次地扳动摇杆，下更多的赌注。

伪装成胜利的失败

差点中奖

　　如果第一转轮和第二转轮返回了相同的符号，那我们可以通过在第三转轮上返回接近第二转轮上的符号的随机值，产生差点中奖的效果。我们可以通过首先检查第三转轮的随机值实现这个效果。如果这个随机值和第一转轮、第二转轮的结果相同，那么这是一个中头奖的结果，我们不应该修改这个结果。但是如果不相同，我们就可以修改这个数值，使这个值与前面的两个值非常接近。如下代码所示：

```
else if (!thirdReelSpinned) {
  GameObject.Find("thirdReel").guiText.text =
    randomSpinResult.ToString();
if (elapsedTime < spinDuration) {
  return;
}
if ((firstReelResult == secondReelResult)
  && randomSpinResult != firstReelResult) {
  randomSpinResult = firstReelResult - 1;
if (randomSpinResult < firstReelResult)
  randomSpinResult = firstReelResult - 1;
if (randomSpinResult > firstReelResult)
  randomSpinResult = firstReelResult + 1;
if (randomSpinResult < 0) randomSpinResult = 9;
if (randomSpinResult > 9) randomSpinResult = 0;
  GameObject.Find("thirdReel").guiText.text =
    randomSpinResult.ToString();
  thirdReelResult = randomSpinResult;
}
```

```
    else {
      int weightedRandom = Random.Range(0,
        weightedReelPoll.Count);
      GameObject.Find("thirdReel").guiText.text =
        weightedReelPoll[weightedRandom].ToString();
      thirdReelResult =
        (int)weightedReelPoll[weightedRandom];
    }
    startSpin = false;
    elapsedTime = 0;
    firstReelSpinned = false;
    secondReelSpinned = false;
    checkBet();
  }
 }
}
```

"差点中奖"的情况发生时，应该如下图所示：

差点中奖

我们可以更进一步，实时地根据玩家所下的赌注金额来调整概率。但是，这种做法实在令人不适。另一个我们可以添加到游戏中的功能是，确保玩家不可以下比他们拥有的钱更多的赌注。另外，当玩家输掉所有的钱时，可以显示出游戏结束的消息。

3.7　本章小结

在本章中，我们了解了概率论在游戏人工智能设计中的应用。我们在 Unity3D 中体验了其中的一些技巧。作为额外收获,我们还了解了老虎机的基本工作原理,并使用 Unity3D 实现了一个简单的老虎机游戏。游戏人工智能中的概率是通过增添一些不确定性,让游戏和游戏人物更现实,从而使玩家无法确切地预测一些东西。概率的其中一种常见用法和定义是用来度量一个特定事件在所有可能发生的事件中发生的可能性。这里有个很好的参考资料——由 O'Reilly 出版社出版,David M. Bourg 和 Glenn Seeman 所著的《 AI for Game Developers 》一书 ,可以用来进一步学习在游戏人工智能中应用概率论的高级技术,比如使用贝叶斯技术做出一些具有不确定性的决策系统。在下一章中,我们将学习如何在游戏中实现感应器,以及它如何让我们的人工智能感知到它周围的环境。

第 4 章

感应器的实现

这又是一个简短的章节，关于如何使用与生命体相似的感觉系统原理来实现人工智能行为。正如前面讨论的那样，一个游戏角色的人工智能系统需要感知到它周围的环境，比如障碍物的位置，它所寻找的敌人的位置，敌人是否在玩家的视野内，等等。NPC 的人工智能质量完全基于它能从环境中获得的信息。根据这些信息，人工智能角色判断执行哪些逻辑。如果人工智能没有获得到足够的信息，就会做出奇怪的行为，比如选择一个错误的地点，一动不动地躲藏起来，或者循环重复一些奇怪的动作，并且不知道该怎样决策。在 YouTube 上搜索"AI glitches"，你会找到一些（甚至在某些 AAA 级游戏里）人工智能角色有趣的行为。

如果我们愿意，我们可以探测全部的环境参数，将其与预先定义好的值进行比较。但是使用一个合适的设计模式可以使我们的代码更加容易维护和扩展。本章将要介绍一个可以用来实现感觉系统的设计模式。我们将仔细了解感觉系统是什么，以及如何在 Unity 中建立这样的系统。然后，我们将建立一个示例来观察感觉系统在实际运行中的表现。

4.1 基本的感觉系统

人工智能感觉系统能模拟生命体的感觉功能，比如视觉和听觉，甚至能进行气味追踪和物体识别。在游戏的人工智能感觉系统中，每个代理都会检测环境，并基于其特殊兴趣对这些感观进行检查。

基础的感觉系统的概念有两个组成部分：切面（aspect）和感观（sense）。我们的人工智能角色具有感观，比如视觉、嗅觉和触觉。这些感观会留意某些特定的切面，比如敌人和强盗。举个例子，你可以让一个具备视觉的人工智能巡逻护卫员寻找切面定义为敌人的对象。或者你可以让一个具备嗅觉的僵尸实体，寻找切面定义为大脑的实体。

我们主要打算在示例中应用的是这些：由其他更加具体的感观实现的基本接口"Sense"。在本章中，我们将会应用视觉感观和触觉感观。动物有了视觉才可以看到它们周围的环境。假如我们的人工智能游戏角色看到一个敌人，我们需要得到通知，才能采取某些行动；类似的，在敌人离得太近时，我们希望能够通过触觉感受到它的存在，就好像我们的人工智能角色可以听到敌人在附近一样。然后我们将编写一个最简化的能够被感官注意到的 Aspect 类。

RAIN｜ONE｜是 Unity3D 的人工智能插件，支持这样的感觉系统并不需要太多的编码。

下列关于 RAIN 的引用摘自 http://rivaltheory.com/product：

RAIN 给游戏中的角色提供了感知世界、寻路、执行复杂的行为树，以及基于个性来修改行为的能力，这提升了游戏中角色的水准，而完成这些只需要很少甚至不需要任何编程经验。

4.2　场景设置

开始设置我们的场景。首先，创建一些墙，以遮挡敌人的视线。这些墙是较短但是很宽的一组立方体，是被标记为障碍物的游戏对象。接下来，添加一个平面用来作为地面。然后，添加一个平行光，这样我们就可以看到场景中的情况。

在本节中我们会深入研究接下来这一部分的细节，但是我们只会使用一个简单的坦克模型来代表玩家，以及一个简单的立方体来代表人工智能角色。同时会有一个目标对象为我们指出坦克在此场景中将移动到何处。我们的场景层级类似于下图：

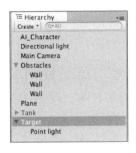

场景层次的设置

现在我们把坦克、人工智能角色和墙壁随机地放在场景中。增加平面的大小，让它看起来较为协调。幸运的是，在这个示例中，我们的对象都漂浮着，所以不会有任何东西掉落到地面。同时需要调整好摄像机，好让我们可以清晰地看到整个场景：

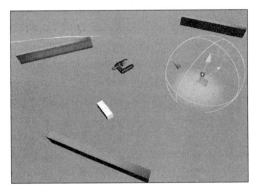

我们的坦克和玩家将在这里漫步

既然已经把基本的东西都设置好了，我们就去看一看如何实现坦克、人工智能角色，以及我们的玩家角色需要注意的切面。

4.3 玩家的坦克与切面

Targe 对象是一个网格渲染器被关闭的球体对象。我们同时创建了一个点光源，并将其设为 Targe 对象的子对象。要确保这个光源放置在中间，否则对于我们来说它的用处就不大了。

下面是 Target.cs 文件中的代码：

```
using UnityEngine;
using System.Collections;

public class Target : MonoBehaviour {

  public Transform targetMarker;

  void Update () {
    int button = 0;
    //Get the point of the hit position when the mouse is being
// clicked.
    if (Input.GetMouseButtonDown(button)) {
      Ray ray = Camera.main.ScreenPointToRay(Input.mousePosition);
      RaycastHit hitInfo;
      if (Physics.Raycast(ray.origin, ray.direction, out hitInfo)) {
        Vector3 targetPosition = hitInfo.point;
        targetMarker.position = targetPosition;
      }
    }
  }
}
```

将这个脚本添加至 Target 对象。该脚本会探测鼠标点击事件，当事件发生时，使用光线投射技术，探测到鼠标点击在 3D 空间中平面上的位置。然后它会将 Target 对象放到该位置。

4.3.1 玩家的坦克

我们使用的玩家的坦克模型正是前面章节中使用的，它附加了一个非运动学刚体对象组件。刚体对象组件可以在坦克模型与任意的人工智能角色发生碰撞时触发事件。而我们要做的第一件事就是为坦克标记一个 Player 标签。

坦克由 PlayerTank 脚本控制，我们即刻就将建立它。这个脚本获取地图上的目标位置，并且相应地更新它的目标点和方向。

PlayerTank.cs 文件中的代码如下：

```
using UnityEngine;
using System.Collections;

public class PlayerTank : MonoBehaviour {
  public Transform targetTransform;
  private float movementSpeed, rotSpeed;

  void Start () {
    movementSpeed = 10.0f;
    rotSpeed = 2.0f;
  }

  void Update () {
    //Stop once you reached near the target position
    if (Vector3.Distance(transform.position,
      targetTransform.position) < 5.0f)
      return;

    //Calculate direction vector from current position to target
//position
    Vector3 tarPos = targetTransform.position;
    tarPos.y = transform.position.y;
    Vector3 dirRot = tarPos - transform.position;

    //Build a Quaternion for this new rotation vector
    //using LookRotation method
    Quaternion tarRot = Quaternion.LookRotation(dirRot);

    //Move and rotate with interpolation
    transform.rotation= Quaternion.Slerp(transform.rotation,
        tarRot, rotSpeed * Time.deltaTime);

    transform.Translate(new Vector3(0, 0,
```

```
                movementSpeed * Time.deltaTime));
    }
}
```

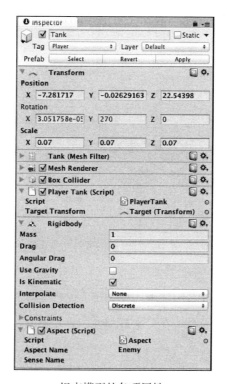

坦克模型的各项属性

该脚本获得 Target 对象在地图中的位置，并相应地更新其目标点与方向。在我们将这个脚本赋给坦克之后，应确保将 Target 对象赋值给 targetTransform 变量。

4.3.2　切面

接下来，我们一起看看 Aspect.cs 类。Aspect 是一个非常简单的类，只有一个被称为 aspectName 的公共属性。在本章中，我们只需要这个变量。每当我们的人工智能角色感觉到一些东西，我们都会与 aspectName 进行核查，以确定这个切面是否是人工智能角色一直在关注的。

Aspect.cs 文件中的代码如下：

```
using UnityEngine;
using System.Collections;

public class Aspect : MonoBehaviour {
  public enum aspect {
    Player,
    Enemy
  }
  public aspect aspectName;
}
```

将这个脚本添加至我们的玩家坦克，并将 aspectName 属性设置为 Enemy。

设置关注的切面（aspect）

4.4　人工智能角色

我们的人工智能角色将在场景中选择随机方向移动。它会有两种感观：视觉和触觉。视觉感观检查敌人切面是否在可视范围内。触觉感观探测敌人切面是否与盒碰撞器发生碰撞，我们的人工智能角色稍后会由盒碰撞器包裹。就如前面所见，我们的玩家坦克的切面为 Enemy。所以这些感观将在人工智能角色探测到玩家坦克时被触发。

Wander.cs 文件中的代码如下：

```
using UnityEngine;
using System.Collections;

public class Wander : MonoBehaviour {
  private Vector3 tarPos;
  private float movementSpeed = 5.0f;
  private float rotSpeed = 2.0f;
  private float minX, maxX, minZ, maxZ;

  // Use this for initialization
  void Start () {
    minX = -45.0f;
    maxX = 45.0f;
```

```
    minZ = -45.0f;
    maxZ = 45.0f;

    //Get Wander Position
    GetNextPosition();
}

// Update is called once per frame
void Update () {
    // Check if we're near the destination position
    if (Vector3.Distance(tarPos, transform.position) <= 5.0f)
        GetNextPosition(); //generate new random position

    // Set up quaternion for rotation toward destination
    Quaternion tarRot = Quaternion.LookRotation(tarPos -
        transform.position);

    // Update rotation and translation
    transform.rotation = Quaternion.Slerp(transform.rotation, tarRot,
        rotSpeed * Time.deltaTime);

    transform.Translate(new Vector3(0, 0,
        movementSpeed * Time.deltaTime));
}

void GetNextPosition() {
    tarPos = new Vector3(Random.Range(minX, maxX), 0.5f,
        Random.Range(minZ, maxZ));
}
}
```

Wander 脚本在人工智能角色到达当前指定位置时，会在一定的范围内寻找一个新的随机的点。Update 方法会旋转敌人，并且使之向新的目标位置移动。把这个脚本添加至人工智能角色，让它可以在场景中移动。

4.4.1 感观

Sense 类是感觉系统中的一个接口，其他自定义的感观都可以实现该接口。它定义了两个虚方法：Initialize 和 UpdateSense，自定义的感观中都要实现这两个方法，并且相应地在 Start 和 Update 方法中执行。

Sense.cs 文件中的代码如下：

```
using UnityEngine;
using System.Collections;

public class Sense : MonoBehaviour {
  public bool bDebug = true;
  public Aspect.aspect aspectName = Aspect.aspect.Enemy;
  public float detectionRate = 1.0f;

  protected float elapsedTime = 0.0f;

  protected virtual void Initialize() { }
  protected virtual void UpdateSense() { }

  // Use this for initialization
  void Start () {
    elapsedTime = 0.0f;
    Initialize();
  }

  // Update is called once per frame
  void Update () {
    UpdateSense();
  }
}
```

基本的属性包括感应操作的检测频率，以及它应该注意的切面。这个脚本不会被添加至任何对象中。

4.4.2 视觉

视觉感观会探测是否有切面在其视野中并且在可视距离内。如果看到任何事物，人工智能角色都将执行特定的动作。

Perspective.cs 文件中的代码如下：

```
using UnityEngine;
using System.Collections;
public class Perspective : Sense {
  public int FieldOfView = 45;
  public int ViewDistance = 100;

  private Transform playerTrans;
  private Vector3 rayDirection;

  protected override void Initialize() {

    //Find player position
```

```
    playerTrans =
  GameObject.FindGameObjectWithTag("Player").transform;
  }

  // Update is called once per frame
  protected override void UpdateSense() {
    elapsedTime += Time.deltaTime;

    // Detect perspective sense if within the detection rate
    if (elapsedTime >= detectionRate) DetectAspect();
  }

  //Detect perspective field of view for the AI Character
  void DetectAspect() {
    RaycastHit hit;

    //Direction from current position to player position
    rayDirection = playerTrans.position -
        transform.position;

    //Check the angle between the AI character's forward
    //vector and the direction vector between player and AI
    if ((Vector3.Angle(rayDirection, transform.forward)) <
  FieldOfView) {
      // Detect if player is within the field of view
      if (Physics.Raycast(transform.position, rayDirection,
          out hit, ViewDistance)) {
        Aspect aspect =
        hit.collider.GetComponent<Aspect>();

        if (aspect != null) {
          //Check the aspect
          if (aspect.aspectName == aspectName) {
            print("Enemy Detected");
          }
        }
      }
    }
  }
```

我们需要实现 Initialize 和 UpdateSense 方法，它们会在其父类 Sense 中被调用。接着在 DctcctAspect 方法中，先检查玩家与人工智能角色的当前方向的夹角。如果在人工智能角色的当前视野中，就向玩家坦克所在位置发出一条射线。该射线的长度为可视距离属性的值。若射线击中了另一个对象，Raycast 就会返回。然后我们对切面组件和切面名称进行核查。这样一来，如果玩家藏在了墙后面，即使它在可见范围内，对于人工智能角色来说也是不可见的。

OnDrawGizmos 方法会基于视野的视角以及可视距离画线，这样在执行测试时，我们就可以在编辑器窗口中看到人工智能角色的视线。把这个脚本添加至我们的人工智能角色，并确保切面名称设置为 Enemy。

该方法如下所示：

```
void OnDrawGizmos() {
  if (!bDebug || playerTrans == null) return;

  Debug.DrawLine(transform.position, playerTrans.position, Color.
red);

  Vector3 frontRayPoint = transform.position +
      (transform.forward * ViewDistance);

  //Approximate perspective visualization
  Vector3 leftRayPoint = frontRayPoint;
  leftRayPoint.x += FieldOfView * 0.5f;

  Vector3 rightRayPoint = frontRayPoint;
  rightRayPoint.x -= FieldOfView * 0.5f;

  Debug.DrawLine(transform.position, frontRayPoint, Color.green);

  Debug.DrawLine(transform.position, leftRayPoint, Color.green);

  Debug.DrawLine(transform.position, rightRayPoint, Color.green);
  }
}
```

4.4.3 触觉

我们要实现的另一个感观是触觉，它在玩家位于人工智能实体附近时被触发。我们的人工智能角色有一个盒碰撞组件，并且其 Trigger 标记被打开。

我们需要实现 OnTriggerEnter 事件，该事件在两个碰撞组建相互碰撞时被触发。由于我们的坦克实体也有碰撞器和刚体组件，所以一旦人工智能角色与玩家的坦克发生碰撞时，就会立即触发一个碰撞事件。

Touch.cs 文件中的代码如下：

```
using UnityEngine;
using System.Collections;

public class Touch : Sense {
  void OnTriggerEnter(Collider other) {
    Aspect aspect = other.GetComponent<Aspect>();
    if (aspect != null) {
      //Check the aspect
      if (aspect.aspectName == aspectName) {
        print("Enemy Touch Detected");
      }
    }
  }
}
```

我们实现了 OnTriggerEnter 事件，该事件在两个碰撞组建相互碰撞时被触发。由于我们的坦克实体也有碰撞器和刚体组件，所以一旦人工智能角色与玩家的坦克发生碰撞时，就会立即触发一个碰撞事件。

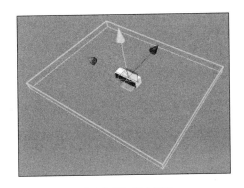

玩家周围的碰撞组件

上图向我们展示了人工智能敌人的盒碰撞器，我们将用它来实现触觉。在下图中，我们将看到人工智能角色是怎样设置的。

在 OnTriggerEnter 方法中，我们访问另一个碰撞实体的切面组件，并将它的名称与当前人工智能角色的切面名称进行核查，看看它是否是当前人工智能角色正在关注的切面。出于演示的目的，在这里我们只打印出已经通过触觉感应到的敌人的切面。我们也可以在真实的项目中实现其他的行为；也许玩家将转向敌人，并开始追踪、攻击等。

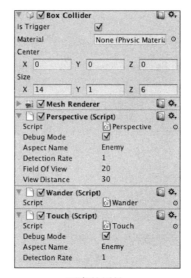

玩家的属性

4.5 测试

在 Unity3D 中玩一下这个游戏,通过点击地面移动在人工智能角色附近漫步的玩家的坦克。每当人工智能角色靠近玩家坦克时,你都可以在控制台的日志窗口中看到 Enemy touch detected 这样的消息。

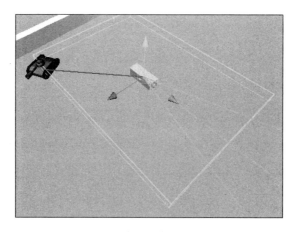

行动中的玩家坦克

上图展示了一个具有视觉和触觉的人工智能代理，它正在寻找一个敌人的切面。将坦克移动至人工智能角色的前面，你会看到消息 Enemy detected。如果在运行游戏时切换到编辑视图中，你会看到调度画出的图形。这是因为视觉类中实现的 OnDrawGizmos 方法。

4.6　本章小结

本章介绍了游戏人工智能中实现感应器的理念，并且为我们的人工智能角色实现了两个感观——视觉和触觉。感觉系统只是整个人工智能决策系统的一部分。我们可以将感觉系统与行为系统组合起来，以在特定感应下执行特定的行为。例如，发现敌人在视野中时，我们可以用一个有限状态机将巡逻状态改为追逐状态。我们将在第 9 章中介绍如何应用行为树系统。在下一章中，我们将学习如何在 Unity3D 中实现群组行为，以及如何实现 Craig Reynold 的群组算法。

第 5 章

群 组 行 为

群组行为是指多个对象组队同时行进的情况。我们可以坐下来，告诉每一个对象它该如何移动，但这样做的工作量太大。取而代之的是，我们去创建一个群组的领导，让它来为我们做这些。这样我们所要做的就只是设置一些规则，然后群组中的 boid 就会自行组队。在本章中，我们将学习如何在 Unity3D 中实现这种群组行为。

我们将实现群组行为的两个变种。第一个变种是基于一个叫做热带天堂岛（Tropical Paradise Island）的群组行为示例。这个示例从 Unity2.0 版本中开始出现，但在 Unity3.0 版本中被移除了。第二个变种是基于 Craig Reynold 的群组行为算法。每个 boid 都可以应用以下三个基本的规则。

❑ 分离（Separation）：群组中的每个个体都与相邻个体保持一定距离

❑ 队列（Alignment）：群组以相同速度，向相同方向移动

❑ 凝聚（Cohesion）：与群组中心保持最小距离

5.1 岛屿示例中的群组行为

在本节中，我们将创建自己的场景，场景里会有一群对象，并使用 C# 实现群组行

为。本例中有两个主要的组成部分：每个 boid 的行为，以及维持并领导整个群组的主要控制者。

我们的场景层级如下图所示。如你所见，在一个名为 UnityFlockController 的控制器下面有一些 boid 实体——UnityFlock。每一个 UnityFlock 实体都是一个 boid 对象，它们会引用其父对象 UnityFlockController 实体作为它们的领导者。UnityFlockController 将会在到达目标位置后，随机地更新下一个目标位置。

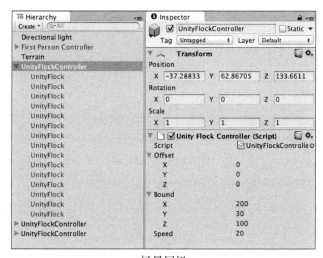

场景层级

UnityFlock 是一个预置件，这个预置件仅仅是一个立方体网格，并拥有 UnityFlock 脚本。我们可以使用任何更有意思的其他的网络来表示这个预置件，比如小鸟。

5.1.1 个体的行为

boid 是 Craig Reynold 创造的术语，用以表示类似于小鸟这样的对象。我们将使用这个术语来描述群组中的每个个体对象。现在，我们开始实现 boid 行为。你可以在 UnityFlock.cs 文件中找到如下脚本，这就是控制群组中每一个 boid 的行为。

UnityFlock.cs 文件中的代码如下：

```
using UnityEngine;
using System.Collections;
```

```
public class UnityFlock : MonoBehaviour {
  public float minSpeed = 20.0f;
  public float turnSpeed = 20.0f;
  public float randomFreq = 20.0f;
  public float randomForce = 20.0f;

  //alignment variables
  public float toOriginForce = 50.0f;
  public float toOriginRange = 100.0f;

  public float gravity = 2.0f;

  //seperation variables
  public float avoidanceRadius = 50.0f;
  public float avoidanceForce = 20.0f;

  //cohesion variables
  public float followVelocity = 4.0f;
  public float followRadius = 40.0f;

  //these variables control the movement of the boid
  private Transform origin;
  private Vector3 velocity;
  private Vector3 normalizedVelocity;
  private Vector3 randomPush;
  private Vector3 originPush;
  private Transform[] objects;
  private UnityFlock[] otherFlocks;
  private Transform transformComponent;
```

我们为算法中的每个输入值都声明一个变量，这样就可以在编辑器中设置和修改它们。首先，需要为 boid 定义最小移动速度（minSpeed）以及旋转速度（turnSpeed）。变量 randomFreq 用来确定更新 randomPush 变量的次数，randomPush 的值的更新基于 randomForce 的值。这个力产生出一个随机增长和降低的速度，并使得群组的移动看上去更加真实。

变量 toOriginRange 指出群组扩展的程度。我们也使用 toOriginForce 来保持所有 boid 在一个范围内，并与群组的原点保持一定距离。这几个基本上就是我们需要处理的群组算法中关于队列（alignment）规则的属性。属性 avoidanceRadius 和 avoidanceForce 可以用来让每个 boid 个体之间保持最小距离。以上这些应用了群组算法中的分离（separation）规则。

变量 followRadius 和 followVelocity 可用来与群组的领导者或群组的原点保持最小距离。它们也可用来让每个个体符合群组算法的凝聚规则。

将变量 origin 设为父对象,以控制整个群组中的对象。我们的 boid 需要知道群组中其他 boid 的信息。因此,我们使用 objects 和 otherFlocks 属性来存储相邻 boid 的信息。

以下是我们的 boid 的初始化方法:

```
void Start () {
  randomFreq = 1.0f / randomFreq;

  //Assign the parent as origin
  origin = transform.parent;

  //Flock transform
  transformComponent = transform;

  //Temporary components
  Component[] tempFlocks= null;

  //Get all the unity flock components from the parent
  //transform in the group
  if (transform.parent) {
    tempFlocks = transform.parent.GetComponentsInChildren
        <UnityFlock>();
  }

  //Assign and store all the flock objects in this group
  objects = new Transform[tempFlocks.Length];
  otherFlocks = new UnityFlock[tempFlocks.Length];

  for (int i = 0;i<tempFlocks.Length;i++) {
    objects[i] = tempFlocks[i].transform;
    otherFlocks[i] = (UnityFlock)tempFlocks[i];
  }

    //Null Parent as the flock leader will be
    //UnityFlockController object
    transform.parent = null;

    //Calculate random push depends on the random frequency
//provided
    StartCoroutine(UpdateRandom());
  }
```

我们把 boid 的父对象设为 origin，表示这会是一个其他对象都跟随的控制器对象。然后，我们会获取群组中的所有其他对象，并将它们存储至自己的变量中，以便后续引用。

StartCoroutine 方法将 UpdateRandom() 方法作为一个协程调用：

```
IEnumerator UpdateRandom() {
  while (true) {
    randomPush = Random.insideUnitSphere * randomForce;
    yield return new WaitForSeconds(randomFreq +
        Random.Range(-randomFreq / 2.0f, randomFreq / 2.0f));
  }
}
```

UpdateRandom() 方法在整个游戏过程中以基于 randomFreq 的频率更新 randomPush 的值。Random.insideUnitSphere 返回一个 Vector3 对象，该对象的 x、y 和 z 是以 randomForce 的值为半径的一个球体内的随机值。在等待某一随机时间之后，再次进行 while (true) 循环并更新 randomPush 的值。

接下来是控制 boid 行为的 Update() 方法，该方法帮助 boid 实体遵守群组算法的三个规则：

```
void Update () {
  //Internal variables
  float speed = velocity.magnitude;
  Vector3 avgVelocity = Vector3.zero;
  Vector3 avgPosition = Vector3.zero;
  float count = 0;
  float f = 0.0f;
  float d = 0.0f;
  Vector3 myPosition = transformComponent.position;
  Vector3 forceV;
  Vector3 toAvg;
  Vector3 wantedVel;
for (int i = 0;i<objects.Length;i++){
  Transform transform= objects[i];
  if (transform != transformComponent) {
    Vector3 otherPosition = transform.position;

    // Average position to calculate cohesion
    avgPosition += otherPosition;
    count++;
```

```
//Directional vector from other flock to this flock
forceV = myPosition - otherPosition;

//Magnitude of that directional vector(Length)
d= forceV.magnitude;

//Add push value if the magnitude, the length of the
//vector, is less than followRadius to the leader
if (d < followRadius) {
  //calculate the velocity, the speed of the object, based
   //on the avoidance distance between flocks if the
  //current magnitude is less than the specified
  //avoidance radius
  if (d < avoidanceRadius) {
    f = 1.0f - (d / avoidanceRadius);
    if (d > 0) avgVelocity +=
         (forceV / d) * f * avoidanceForce;
  }

  //just keep the current distance with the leader
  f = d / followRadius;
  UnityFlock otherSealgull = otherFlocks[i];
  //we normalize the otherSealgull velocity vector to get
  //the direction of movement, then we set a new velocity
  avgVelocity += otherSealgull.normalizedVelocity * f *
       followVelocity;
  }
 }
}
```

上面的代码实现了分离规则。首先，检查当前 boid 与其他 boid 之间的距离，并相应地更新速度，就如注释中所解释的。

接下来，用当前速度除以群组中的 boid 的数目，计算出群组的平均速度：

```
if (count > 0) {
  //Calculate the average flock velocity(Alignment)
  avgVelocity /= count;
  //Calculate Center value of the flock(Cohesion)
  toAvg = (avgPosition / count) - myPosition;
}
else {
  toAvg = Vector3.zero;
}

//Directional Vector to the leader
forceV = origin.position -  myPosition;
d = forceV.magnitude;
f = d / toOriginRange;
```

```
//Calculate the velocity of the flock to the leader
if (d > 0) //if this void is not at the center of the flock
    originPush = (forceV / d) * f * toOriginForce;

if (speed < minSpeed && speed > 0) {
  velocity = (velocity / speed) * minSpeed;
}

wantedVel = velocity;

//Calculate final velocity
wantedVel -= wantedVel *  Time.deltaTime;
wantedVel += randomPush * Time.deltaTime;
wantedVel += originPush * Time.deltaTime;
wantedVel += avgVelocity * Time.deltaTime;
wantedVel += toAvg.normalized * gravity * Time.deltaTime;

//Final Velocity to rotate the flock into
velocity = Vector3.RotateTowards(velocity, wantcdVel,
    turnSpeed * Time.deltaTime, 100.00f);

transformComponent.rotation =
Quaternion.LookRotation(velocity);

//Move the flock based on the calculated velocity
transformComponent.Translate(velocity * Time.deltaTime,
    Space.World);

//normalise the velocity
normalizedVelocity = velocity.normalized;
  }
}
```

最后，我们把 randomPush、originPush 以及 avgVelocity 等因素相加，计算出最终的目标速度：wantedVel。同时用 Vector3.RotateTowards 方法，使用线性插值法来更新当前的 velocity 为 wantedvel。然后基于新的速度使用 Translate() 方法移动 boid。

接下来，我们创建一个立方体网格，并添加 UnityFlock 脚本，使其成为一个预置件，如下图所示：

Unityflock 预置件

5.1.2 控制器

现在是时候创建控制器类了。这个类会更新自己的位置，这样其他的 boid 个体对象就知道该去哪里。这个对象由前面的 UnityFlock 脚本中的 origin 变量引用而来。

UnityFlockController.cs 文件的代码如下．

```
using UnityEngine;
using System.Collections;

public class UnityFlockController : MonoBehaviour {
  public Vector3 offset;
  public Vector3 bound;
  public float speed = 100.0f;

  private Vector3 initialPosition;
  private Vector3 nextMovementPoint;

  // Use this for initialization
  void Start () {
    initialPosition = transform.position;
    CalculateNextMovementPoint();
  }

  // Update is called once per frame
  void Update () {
    transform.Translate(Vector3.forward * speed * Time.deltaTime);
    transform.rotation = Quaternion.Slerp(transform.rotation,
        Quaternion.LookRotation(nextMovementPoint -
        transform.position), 1.0f * Time.deltaTime);

    if (Vector3.Distance(nextMovementPoint,
        transform.position) <= 10.0f)
        CalculateNextMovementPoint();
  }
```

在我们的 Update() 方法中，检查控制器对象是否在最终目标位置附近。如果在，使用我们刚刚讨论过的 CalculateNextMovementPoint() 方法再次更新 nextMovementPoint 变量：

```
void CalculateNextMovementPoint () {
  float posX = Random.Range(initialPosition.x - bound.x,
      initialPosition.x + bound.x);
  float posY = Random.Range(initialPosition.y - bound.y,
      initialPosition.y + bound.y);
  float posZ = Random.Range(initialPosition.z - bound.z,
```

```
            initialPosition.z + bound.z);

    nextMovementPoint = initialPosition + new Vector3(posX,
        posY, posZ);
    }
}
```

用 CalculateNextMovementPoint() 方法找到下一个随机的目标位置，该位置在当前位置与边界向量的范围之间。

把所有这些放在一起——如前面的场景层次截图中所示，你就能得到真实地飞来飞去的群组：

使用 Unity 海鸥样本的群组

5.2 替代实现

有一个实现起来更加简单的群组算法。在本例中，我们将创建一个立方体对象，并将一个刚体放到 boid 中。凭借 Unity 的刚体物理现象，可以简化 boid 的平移和方向控制。为了避免 boid 之间相互覆盖，我们要添加一个球体碰撞器的物理组件。

在这个实现中也有两个组成部分：每个 boid 个体的行为以及控制器的行为。每个 boid 都会试着跟随控制器对象。

Flock.cs 文件的代码如下：

```
using UnityEngine;
using System.Collections;
using System.Collections.Generic;

public class Flock : MonoBehaviour {
  internal FlockController controller;

  void Update () {
    if (controller) {
      Vector3 relativePos = steer() * Time.deltaTime;

      if (relativePos != Vector3.zero)
          rigidbody.velocity = relativePos;

      // enforce minimum and maximum speeds for the boids
      float speed = rigidbody.velocity.magnitude;
      if (speed > controller.maxVelocity) {
        rigidbody.velocity = rigidbody.velocity.normalized *
          controller.maxVelocity;
      }
      else if (speed < controller.minVelocity) {
        rigidbody.velocity = rigidbody.velocity.normalized *
            controller.minVelocity;
      }
    }
  }
```

现在创建 FlockController 。在 Update() 方法中，我们使用 steer() 方法来计算 boid 的速度，并将其应用到它的刚体的速度中。接下来，检查刚体组件的当前速度，验证它是否在控制器速度的最大值和最小值之间。如果不在，就把速度限制在预设的范围之内：

```
private Vector3 steer () {
  Vector3 center = controller.flockCenter -
      transform.localPosition;  // cohesion

  Vector3 velocity = controller.flockVelocity -
      rigidbody.velocity;  // alignment
```

```
Vector3 follow = controller.target.localPosition -
    transform.localPosition;  // follow leader

Vector3 separation = Vector3.zero;

foreach (Flock flock in controller.flockList) {
  if (flock != this) {
    Vector3 relativePos = transform.localPosition -
        flock.transform.localPosition;

    separation += relativePos / (relativePos.sqrMagnitude);
  }
}

// randomize
Vector3 randomize = new Vector3( (Random.value * 2) - 1,
    (Random.value * 2) - 1, (Random.value * 2) - 1);

randomize.Normalize();

return (controller.centerWeight * center +
    controller.velocityWeight * velocity +
    controller.separationWeight * separation +
    controller.followWeight * follow +
    controller.randomizeWeight * randomize);
  }
}
```

steer() 方法实现了群组算法的分离、队列、凝聚和跟随领导者的规则。然后把所有这些因素相加得出一个随机的权重值。通过把 Flock 脚本与刚体和球体碰撞器组件放在一起，我们创建了一个 Flock 预置件，如下图所示：

Flock 预置件

FlockController

FlockController 的行为很简单，它在运行时生成 boid 的行为、更新群组的中心及群组的平均速度。

FlockController.cs 文件的代码如下：

```csharp
using UnityEngine;
using System.Collections;
using System.Collections.Generic;

public class FlockController : MonoBehaviour {
  public float minVelocity = 1;  //Min Velocity
  public float maxVelocity = 8;  //Max Flock speed
  public int flockSize = 20;  //Number of flocks in the group

  //How far the boids should stick to the center (the more
  //weight stick closer to the center)
  public float centerWeight = 1;

  public float velocityWeight = 1;  //Alignment behavior
  //How far each boid should be separated within the flock
  public float separationWeight = 1;

  //How close each boid should follow to the leader (the more
  //weight make the closer follow)
  public float followWeight = 1;

  //Additional Random Noise
  public float randomizeWeight = 1;

  public Flock prefab;
  public Transform target;

  //Center position of the flock in the group
  internal Vector3 flockCenter;
  internal Vector3 flockVelocity;  //Average Velocity

  public ArrayList flockList = new ArrayList();

  void Start () {
    for (int i = 0; i < flockSize; i++) {
      Flock flock = Instantiate(prefab, transform.position,
          transform.rotation) as Flock;
      flock.transform.parent = transform;
      flock.controller = this;
```

```
        flockList.Add(flock);
    }
}
```

先声明实现群组算法所需的所有属性，再基于输入的群组大小生成 boid 对象。和上次一样，我们设置控制器类和父转换对象。然后，把创建出的 boid 对象添加进 ArrayList 函数的数组中。target 变量接受一个空实体，作为移动方式的领导者。我们也创建一个球体实体，作为群组的目标领导者。

```
void Update () {
  //Calculate the Center and Velocity of the whole flock group
  Vector3 center = Vector3.zero;
  Vector3 velocity = Vector3.zero;

  foreach (Flock flock in flockList) {
    center += flock.transform.localPosition;
    velocity += flock.rigidbody.velocity;
  }
    flockCenter = center / flockSize;
    flockVelocity = velocity / flockSize;
  }
}
```

在 Update() 方法中，保持更新群组的平均中心和速度。这些值来自于我们的 boid 对象，它们可以用来调整与控制者的凝聚（cohesion）与队列（alignment）属性。

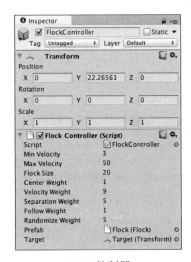

Flock 控制器

下面是具有 TargetMovement 脚本的 Target 实体，稍后我们将创建这个脚本。移动方式的脚本与前面 Unity3D 样例中控制器的移动方式的脚本相同：

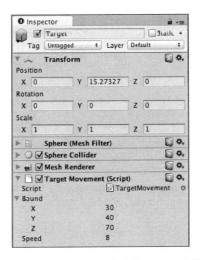

具有 TargetMovement 脚本的 Target 实体

这是我们的 TargetMovement 脚本的工作方式。我们选择一个附近的随机的目标点，并向其移动。当我们到达该点附近时，再选择一个新的点。这时所有 boid 都将跟随这个目标。

TargetMovement.cs 文件中的代码如下所示：

```csharp
using UnityEngine;
using System.Collections;

public class TargetMovement : MonoBehaviour {
  //Move target around circle with tangential speed
  public Vector3 bound;
  public float speed = 100.0f;

  private Vector3 initialPosition;
  private Vector3 nextMovementPoint;

  void Start () {
    initialPosition = transform.position;
    CalculateNextMovementPoint();
  }
  void CalculateNextMovementPoint () {
    float posX = Random.Range(initialPosition.x = bound.x,
```

```
        initialPosition.x+bound.x);
    float posY = Random.Range(initialPosition.y = bound.y,
        initialPosition.y+bound.y);
    float posZ = Random.Range(initialPosition.z = bound.z,
        initialPosition.z+bound.z);

    nextMovementPoint = initialPosition+
        new Vector3(posX, posY, posZ);
}
void Update () {
    transform.Translate(Vector3.forward * speed * Time.deltaTime);
    transform.rotation = Quaternion.Slerp(transform.rotation,
        Quaternion.LookRotation(nextMovementPoint -
        transform.position), 1.0f * Time.deltaTime);

    if (Vector3.Distance(nextMovementPoint, transform.position)
        <= 10.0f) CalculateNextMovementPoint();
    }
}
```

在我们把这些都放到一起之后，就会使 boid 群组在我们的场景中漂亮地飞翔，并同时追逐那个目标，效果如下图所示：

Craig Reynold 的群组行为算法

5.3 本章小结

在本章中，我们学习了用两种不同的方法来实现群组行为。首先我们基于
Unity3D 的热带天堂岛项目检查、解析和学习了如何实现一个群组算法。接下来，我
们实现了使用刚体来控制 boid 移动，以及用球体碰撞器来避免 boid 相互碰撞的算法。
我们将群组行为应用于飞翔的对象，但其实你也可以应用这些技巧来实现其他角色的
行为，比如成群聚集的鱼、蜂拥团簇的昆虫，或陆地上扎堆聚集的动物。我们需要做
的只是实现不同领导者的移动行为，比如限制一个角色只能沿着 y 轴移动，不可以向
上或向下。对于一个 2D 游戏，我们只需冻结角色的 y 位置。当角色在不平坦的 2D 地
形中移动时，我们为了不在 y 方向施加任何力，就必须修改我们的脚本。

在接下来的章节中，我们将会超越随机移动，开始看看如何跟随路径移动。我们
还会研究如何避开行进路径中的障碍物。

第 6 章

路径跟随和引导行为

在这个简短的章节中，我们将实现两个 Unity3D 场景。在第一个例子中，我们将建立一个具有路径的场景，并编写一些脚本使实体跟随这条路径。在第二个例子中，我们设置了一个含有几个障碍物的场景，并编程让实体在避开障碍物的同时到达目的地。避障是人工智能实体在到达目的地的过程中所实现的一个简单的行为。值得注意的是，本章中实现的特定行为对于某些行为是非常有意义的，比如人群仿真，其主要目标是每个代理实体都要避免与其他的代理相撞，并到达目的地。这里并没有考虑哪条路径是最有效率且最短的。我们将在下一章中学习解决此问题的 A* 寻路算法。

6.1　跟随一条路径

路径通常是通过把航点连接到一起来创建的。因此，我们将建立一个简单的如下图所示的路径，然后使立方体实体平滑地沿路径移动。现在，我们有许多方法可以建立这样的路径，在这里我们来实现最简单的那一种。我们将编写一个名为 Path.cs 的脚本，并将所有的航点位置存储在一个 Vector3 类型的数组中。然后，在编辑器中手动输入这些位置。这是一个比较烦琐的过程。另一种选择是使用空游戏对象的位置作为航点。或者，如果你想的话，也可以创建自己的编辑器插件来自动化地完成这类任务，但是这超出了本书的范围。目前手动输入航点信息就可以，因为我们在这里创建的航点数量并没有那么多。

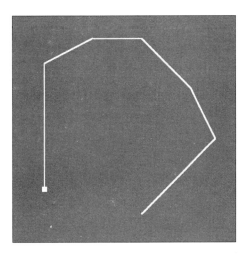

对象路径

首先，创建一个空的游戏实体并将我们的路径脚本组件附加上去，如下图所示：

然后，用我们想要包含进这个路径的所有的点来填充点 A 的变量：

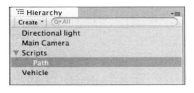

层次结构的组织方式

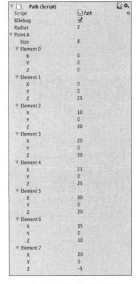

此路径脚本的属性

前面的列表显示了创建先前描述的路径所需的航点。另外两个属性分别为 debug mode（调试模式）和 radius（半径）。如果选中调试模式属性，那么由输入的位置所构成的路径将在编辑器窗口中绘制出来。半径属性是表示跟随路径的实体使用的一个范围值，当实体在该半径范围内时，就可以知道自己是否到达了一个特定的航点。由于要到达精确的位置是相当困难的，所以这个半径范围值提供了一个让代理跟随路径的有效方式。

6.1.1　路径脚本

接下来，让我们来看看路径脚本本身。它负责为我们的对象管理路径。Path.cs 文件中的代码如下所示：

```
using UnityEngine;
using System.Collections;

public class Path : MonoBehaviour {
  public bool bDebug = true;
  public float Radius = 2.0f;
  public Vector3[] pointA;

  public float Length {
    get {
      return pointA.Length;
    }
  }

  public Vector3 GetPoint(int index) {
    return pointA[index];
  }

  void OnDrawGizmos() {
    if (!bDebug) return;

    for (int i = 0; i <pointA.Length; i++) {
      if (i + 1<pointA.Length) {
        Debug.DrawLine(pointA[i], pointA[i + 1],
          Color.red);
      }
    }
  }
}
```

正如你所见，这是一个非常简单的脚本。它有一个 Length 属性，如果发起请求，就可以返回航点数组的长度和大小。GetPoint 方法返回数组中指定下标位置的特定航点的位置。然后，Unity3D 框架调用 OnDrawGizmos 方法，以在编辑器环境中绘制出组件。在游戏视图（Game View）中，如果不打开 gizmos ⊖，那么这些绘图是不会渲染的，这个选项位于游戏视图的右上角。

6.1.2 路径跟随

接下来，我们有了车辆实体，在本例中它只是一个简单的立方体对象。后面我们可以用任意的 3D 模型来代替它。在创建完脚本后，我们将添加 VehicleFollowing 脚本组件，如下图所示：

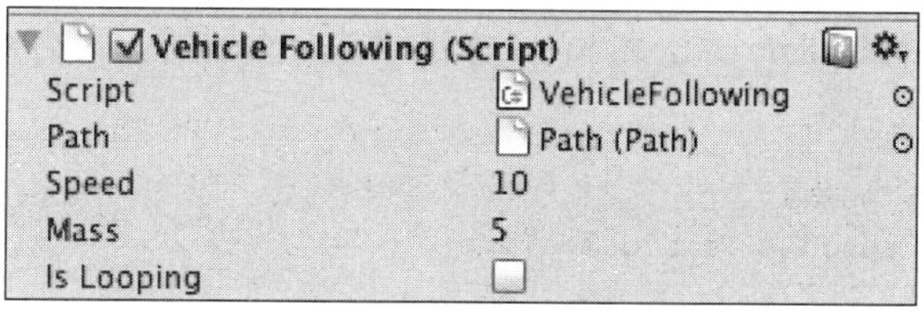

VehicleFollowing 脚本的属性

该脚本接受几个参数。首先是它需要跟随的路径的引用对象，其次是在正确计算它的加速度时需要用到的速度（Speed）属性和质量（Mass）属性。选中是否循环（Is Looping）这个标志，会让实体一直沿着路径循环行进。VehicleFollowing.cs 文件中的代码如下所示：

```
using UnityEngine;
using System.Collections;

public class VehicleFollowing : MonoBehaviour {
  public Path path;
  public float speed = 20.0f;
  public float mass = 5.0f;
  public bool isLooping = true;

  //Actual speed of the vehicle
```

⊖ 一个可视化调试工具。——译者注

```
private float curSpeed;
private int curPathIndex;
private float pathLength;
private Vector3 targetPoint;

Vector3 velocity;
```

首先，我们对属性进行初始化，并在 Start 方法中将我们的 velocity 向量设置为向前的方向，如下面的代码所示：

```
void Start () {
  pathLength = path.Length;
  curPathIndex = 0;

  //get the current velocity of the vehicle
  velocity = transform.forward;
}
```

在这个脚本中的 Update 方法和 Steer 方法是非常重要的。我们来看看下面的代码：

```
void Update () {
  //Unify the speed
  curSpeed = speed * Time.deltaTime;

  targetPoint = path.GetPoint(curPathIndex);

  //If reach the radius within the path then move to next
    //point in the path
      if (Vector3.Distance(transform.position, targetPoint) <
        path.Radius) {
        //Don't move the vehicle if path is finished
      if (curPathIndex < pathLength - 1) curPathIndex++;
        else if (isLooping) curPathIndex = 0;
        else return;
  }

  //Move the vehicle until the end point is reached in
    //the path
      if (curPathIndex >= pathLength ) return;

  //Calculate the next Velocity towards the path
      if (curPathIndex >= pathLength-1&& !isLooping)
        velocity += Steer(targetPoint, true);
        else velocity += Steer(targetPoint);
  //Move the vehicle according to the velocity
    transform.position += velocity;
```

```
//Rotate the vehicle towards the desired Velocity
  transform.rotation = Quaternion.LookRotation(velocity);
}
```

在 Update 方法中，我们通讨计算实体的当前位置和与特定航点的距离是否在其半径范围内，来判断它是否已经到达了特定的航点。如果它在范围内，我们只需将下标递增，来找到数组中的下一个航点。如果已经是最后一个航点，我们就需要检查 isLooping 标签是否已设置。如果已经设置，我们就将目标设为起始航点。否则，我们只需停止在那个点即可。不过，我们也可以让对象转过来，沿着它过来的路线原路返回。在接下来的章节中，我们将在 Steer 方法中计算加速度。然后旋转我们的实体，并根据速度和方向相应地更新它的位置。

```
//Steering algorithm to steer the vector towards the target
  public Vector3 Steer(Vector3 target,
    bool bFinalPoint = false) {
  //Calculate the directional vector from the current
    //position towards the target point
  Vector3 desiredVelocity = (target -transform.position);
  float dist = desiredVelocity.magnitude;

  //Normalise the desired Velocity
  desiredVelocity.Normalize();

  //Calculate the velocity according to the speed
  if (bFinalPoint&&dist<10.0f) desiredVelocity *=
    (curSpeed * (dist / 10.0f));
    else desiredVelocity *= curSpeed;

  //Calculate the force Vector
  Vector3 steeringForce = desiredVelocity - velocity;
  Vector3 acceleration = steeringForce / mass;

  return acceleration;
  }
}
```

Steer 方法接收参数，需要移动到 Vector3 类型的目标位置，无论这个点是否是最终的航点。我们需要做的第一件事就是计算当前位置与目标位置的剩余距离。用目标位置向量减去当前位置的向量，得出向目标位置移动的向量。这个向量的模就是剩余的距离。我们然后将这个向量规格化以保持其方向属性。现在，如果这是最后一个航点，并且距离小于我们刚刚决定使用的数字 10，我们就随着距离越来越近逐渐降低速度，直到速度最终降为零。否则，我们就以刚刚的速度值更新目标速度。通过从目标速度向量中减去当前速度向量，我们可以计算出新的引导向量。然后用这个向量除以实体的质量，就得出了加速度。

如果你运行这个场景，应该可以看到立方体对象跟随着路径移动。你也可以在编辑器视图中看到这条路径。试着修改速度和质量值，以及路径的半径值，看看它们是如何影响系统整体的行为的。

6.2 避开障碍物

在本节中，我们将建立一个如下图所示的场景，并试图让我们的人工智能实体在到达目的地的过程中避开障碍物。这里使用的光线投射算法非常简单，因此它只能够避开阻挡在前进路径上的障碍物。我们的场景如下图所示：

一个场景设置的样本

为了创建这个场景，我们要制作一些立方体实体，并将它们编为一组放在名为Obstacles的空游戏对象下面。我们还创建了另一个叫做 Agent 的立方体对象，并将我们的避障脚本赋给它。然后，我们要创建一个地平面对象来协助实体找到目标位置。

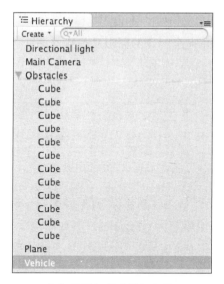

我们的层级是这样组织的

值得注意的是，这个代理对象不是一个探路者。因此，如果我们设置的墙壁过多，我们的代理可能很难找到目标。试着设置一些墙，并看看我们的代理是如何运行的。

6.2.1　添加定制图层

现在，我们要为对象添加一个定制图层。要添加一个新图层，就要打开 Edit | Project Settings | Tags，将 User Layer 8 命名为 Obstacles。现在，我们回到立方体实体，并将它的图层属性设置为 Obstacles。

创建一个新图层

这是我们的新图层，它会添加到 Unity3D 中。当我们在后面通过光线投射来检测障碍物时，我们只需要使用这个特殊的图层来检查这些实体。这样，我们可以忽略一些被光线射到的，不是障碍物的对象。

设置我们的新图层

对于一些更为大型的项目，我们的游戏对象可能已经给它们分配了一些图层。因此，我们与其将对象的图层修改为 Obstacles，不如使用位图来表示一个图层的列表，我们的立方体实体将用它来检测障碍物。在下一节中我们会更加详细地讨论位图。

图层通常为照相机用来呈现场景中的一部分，通过由灯仅照亮场景的一部分来实现。但是，它们也可以由光线投射用来选择性地忽略碰撞或产生碰撞。你可以在 http://docs.unity3d.com/Documentation/Components/Layers.html 学到更多关于图层的信息。

6.2.2 避开障碍

是时候编写脚本来帮助我们的立方体避开障碍了。

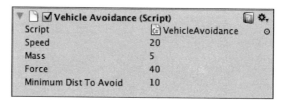

车辆避开障碍脚本的属性

像往常一样，首先对脚本中实体的属性进行初始化，并且在 OnGUI 方法中画出一个 GUI 文本。我们来看看 VehicleAvoidance.cs 文件中的代码：

```
using UnityEngine;
using System.Collections;

public class VehicleAvoidance : MonoBehaviour {
  public float speed = 20.0f;
  public float mass = 5.0f;
  public float force = 50.0f;
  public float minimumDistToAvoid = 20.0f;

  //Actual speed of the vehicle
  private float curSpeed;
  private Vector3 targetPoint;

  // Use this for initialization
  void Start () {
    mass = 5.0f;
    targetPoint = Vector3.zero;
  }

  void OnGUI() {
    GUILayout.Label("Click anywhere to move the vehicle.");
  }
```

接着，在 Update 方法中，我们基于 AvoidObstacles 方法返回的方向向量更新 agent 实体的位置并对其进行旋转。

```
//Update is called once per frame
void Update () {
  //Vehicle move by mouse click
  RaycastHit hit;
  var ray = Camera.main.ScreenPointToRay
      (Input.mousePosition);

  if (Input.GetMouseButtonDown(0) &&
    Physics.Raycast(ray, out hit, 100.0f)) {
    targetPoint = hit.point;
  }

  //Directional vector to the target position
  Vector3 dir = (targetPoint - transform.position);
  dir.Normalize();

  //Apply obstacle avoidance
  AvoidObstacles(ref dir);

  //...

}
```

我们在 Update 方法中所做的第一件事情就是获取鼠标点击的位置，以移动我们的 AI 实体。我们向它正在观察的方向发出一条射线，然后获取这条射线与地平面的交点，作为目标位置。一旦获取到了目录位置的向量，就可以用目标位置向量减去当前位置的向量来计算出目标向量。最后调用 AvoidObstacles 方法，并将这个目标向量作为参数传入：

```
//Calculate the new directional vector to avoid
  //the obstacle
public void AvoidObstacles(ref Vector3 dir) {
  RaycastHit hit;

  //Only detect layer 8 (Obstacles)
  int layerMask = 1<<8;

  //Check that the vehicle hit with the obstacles within
    //it's minimum distance to avoid
  if (Physics.Raycast(transform.position,
    transform.forward, out hit,
    minimumDistToAvoid, layerMask)) {
  //Get the normal of the hit point to calculate the
    //new direction
    Vector3 hitNormal = hit.normal;
    hitNormal.y = 0.0f; //Don't want to move in Y-Space
    //Get the new directional vector by adding force to
    //vehicle's current forward vector
   dir = transform.forward + hitNormal * force;
  }
 }
}
```

AvoidObstacles 方法也非常简单。这里唯一需要注意的技巧就是光线投射会选择性地与障碍物所在的图层相互作用，这个图层已经在 Unity3D 的标签管理器中标记为 User Layer 8。Raycast 方法接收一个图层掩码参数，来决定在进行光线投射时忽略哪些层，考虑哪些层。现在，如果你想看看你可以在标签管理器中指定多少图层，你会发现一共有 32 个图层。因此，Unity3D 使用一个 32 位的整数来代表这个图层掩码参数。举个例子，以下表示 32 位全是零：

0000 0000 0000 0000 0000 0000 0000 0000

默认情况下 Unity3D 使用前 8 层作为内置的图层。所以，当你在不使用任何图层掩码参数的情况下调用光线投射方法时，它会对所有默认的这 8 层进行光线投射，可以用如下位掩码表示：

0000 0000 0000 0000 0000 0000 1111 1111

我们的障碍物所在的层被设置为第 8 层（下标为 9），我们只希望对这个层进行光线投射。所以我们将位掩码设置为：

0000 0000 0000 0000 0000 0001 0000 0000

设置这个位掩码最简单的办法是使用位移操作。我们只需要将下标为 9 的位置设置为 1，这意味着我们只需左移 8 位即可。所以，我们使用向左位移操作符向左移 8 位，如下代码所示：

```
int layerMask = 1<<8;
```

如果我们希望使用多个图层掩码，比如第 8 层和第 9 层，一个简单的方法是像这样使用按位或操作符：

```
int layerMask = (1<<8) | (1<<9);
```

你也可以在 Unity3D 网站找到关于使用图层掩码的精彩讨论。问答网站为 http://answers.unity3d.com/questions/8715/how-do-i-use-layermasks.html。

一旦设置好了图层掩码，我们就可以调用 Physics.Raycast 方法，从当前实体的位置的方向投射一条射线。射线的长度使用变量 minimumDistToAvoid，这样我们就可以只避开在这个距离内射线遇到的障碍。

然后我们获取到射线的法向量，用其乘以力的向量，再把它与当前实体方向的向量相加，得出合成方向向量，并将其从方法中返回。

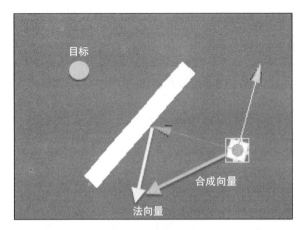

目标

合成向量

法向量

立方体实体是如何避开障碍的

接着在 Update 方法中，在避开障碍物之后，我们使用这个新的方向对 AI 实体进行旋转并根据速度值更新位置。

```
void Update () {

//...

//Don't move the vehicle when the target point
  //is reached
if (Vector3.Distance(targetPoint,
  transform.position) < 3.0f) return;

  //Assign the speed with delta time
  curSpeed = speed * Time.deltaTime;

  //Rotate the vehicle to its target
    //directional vector
  var rot = Quaternion.LookRotation(dir);
  transform.rotation = Quaternion.Slerp
    (transform.rotation, rot, 5.0f *
    Time.deltaTime);

    //Move the vehicle towards
      transform.position += transform.forward *
        curSpeed;
}
```

6.3 本章小结

在本章中，我们设置了两个场景，并学习了如何使代理跟随一条路径行进并避开障碍。我们学习了 Unity3D 图层的特性，以及如何选择对特定的图层进行光线投射。虽然所举的例子很简单，但我们可以将这些技巧应用到许多场景中。例如，我们可以设置一条很长的公路，并使用一些具有避障行为的车辆，可以简单地设置、模拟一些交通情况。或者你可以将它们替换为一些两足的角色，并进行群体模拟。你也可以将它们与一些有限的状态结合起来，并添加更多的行为，让它们更加智能。本章中实现的这些简单的避障行为并不考虑到达目的地的最优路径，相反，它只是径直向目标走去，如果遇到障碍，则试着避开。它会被用在移动或动态的对象和障碍中。

在后面的章节中，我们将会学习实现一个被称为 A* 的寻路算法，以在开始移动之前确定最优路径并避开障碍物。

A* 寻路算法

在本章中，我们将在 Unity3D 环境下用 C # 实现 A* 寻路算法。即便存在如 Dijkstra 算法这样的其他算法，A* 寻路算法也因其简单性和有效性被广泛应用于游戏和交互应用程序中。我们已在第 1 章中简要介绍了该算法。现在我们将从实现的角度来再次回顾该算法。

7.1 回顾 A* 寻路算法

我们将在下一节中实现 A* 算法，在这之前让我们再次回顾一下之前的内容。首先，我们需要使用一个可遍历的数据结构来表示地图。虽然有许多可以选择的数据结构，但在这个例子中，我们将使用一个 2D 网格数组。然后我们将实现一个 GridManager 类来处理地图信息。GridManager 类将维护一个 Node 对象数组，每一个 Node 对象都是 2D 网格数组中的一个图块。因此 Node 对象的实现需要处理一些特性，比如节点类型（不论它是一个可通过的节点还是一个不可通过的障碍物），通过节点所需成本，以及到达目标节点所需成本等。

我们需要两个变量，一个用来存储已经处理过的节点，一个用来存储即将处理的节点。这两个变量分别称为封闭列表和开放列表。我们将用一个 PriorityQueue 类来实现这两种列表。最后，A* 算法将在 AStar 类中实现。让我们来看一看吧：

1）首先从开始节点出发，将其放到开放列表中。

2）如果开放列表中有节点，那么继续进行以下过程。

3）从开放列表中取出第一个节点，将其作为当前节点。（假设开放列表已经按最小代价排序，这个在最后的代码中将会提到。）

4）获取当前节点的相邻节点，但是像墙壁或峡谷这类无法通过的障碍物节点不计算在内。

5）对于每个相邻节点，检查该相邻节点是否已在封闭列表中。如果不在，我们就用下面的公式计算这个相邻节点的总成本：

$$F = G + H$$

在以上公式中，G 是从前一个节点到这个节点的总成本，H 是从这个节点到最终目标节点的总成本。

6）将总成本存储于相邻节点中，同时把当前节点存储为相邻节点的父节点。稍后我们将使用父节点的数据来回溯实际的路径。

7）将该相邻节点放到开放列表中。将开放列表以到达目标节点的总成本升序排序。

8）如果没有任何相邻节点需要处理，就把当前节点放到封闭列表中，并将其从开放列表中移除。

9）跳回第 2 步。

当你完成以上过程时，当前节点应该就在目标节点的位置，但前提条件是至少有一条从起始节点到达目标节点的无障碍路径。如果当前节点不是目标节点，则表示从当前节点到目标节点没有有效的路径。如果有一条有效路径，我们就只需从当前节点的父节点开始回溯，直到再次到达起始节点为止。这将会得出一个包含所有我们选择的节点的路径列表，从目标节点到起始节点按序排列。然后我们要把这个路径列表反转过来，因为我们想知道的是从起始节点到目标节点的路径。

以上是对 A* 算法的整体概述，我们即将在 Unity3D 中用 C# 实现它。接下来让我们正式开始吧。

7.2 实现

我们将实现前面提到的初始类，比如 Node 类、GridManager 类以及 PriorityQueue 类。然后在主流程 AStar 类中使用这些类。

7.2.1 Node

Node 类将处理表示地图的 2D 网格中的每一个图块对象，如下 Node.cs 文件代码所示：

```csharp
using UnityEngine;
using System.Collections;
using System;

public class Node : IComparable {
  public float nodeTotalCost;
  public float estimatedCost;
  public bool bObstacle;
  public Node parent;
  public Vector3 position;

  public Node() {
    this.estimatedCost = 0.0f;
    this.nodeTotalCost = 1.0f;
    this.bObstacle = false;
    this.parent = null;
  }

  public Node(Vector3 pos) {
    this.estimatedCost = 0.0f;
    this.nodeTotalCost = 1.0f;
    this.bObstacle = false;
    this.parent = null;
    this.position = pos;
  }

  public void MarkAsObstacle() {
    this.bObstacle = true;
  }
```

Node 类具有成本值（G 和 H）属性，是否为障碍物的标记位，它的位置以及其父节点等属性。其中 nodeTotalCost 为 G，表示从开始节点移动到当前节点所需的成本值，estimatedCost 为 H，表示从当前节点移动到目标节点的成本值。我们还有两个简单的构造函数以及一个封装方法，用来设置这个节点是否为障碍物。然后，我们实现 CompareTo 方法，代码如下所示：

```
public int CompareTo(object obj) {
  Node node = (Node)obj;
  //Negative value means object comes before this in the sort
    //order.
  if (this.estimatedCost < node.estimatedCost)
      return -1;
    //Positive value means object comes after this in the sort
      //order.
    if (this.estimatedCost > node.estimatedCost) return 1;
    return 0;
  }
}
```

CompareTo 方法非常重要。因为我们希望重写 CompareTo 方法，所以我们的 Node 类继承自 IComparable。如果你回忆起前面讨论算法的那部分内容，你会留意到我们需要将节点数组基于总的估计成本值排序。ArrayList 类型有一个叫做 Sort 的方法。Sort 在根本上需要调用这个 CompareTo 方法，该方法在来自列表的对象（例子中为 Node 类）内部实现。所以，我们实现该方法，基于 estimatedCost 值对节点对象进行排序。你可以在下面的资源中学到更多关于 .NET 框架的特性。

 你可以在这里找到 IComparable.CompareTo 方法：http://msdn.microsoft.com/en-us/library/system.icomparable.compareto.aspx

---

7.2.2 PriorityQueue

PriorityQueue 是一个简短的类，它使得处理节点数组更加简单，如下 PriorityQueue.cs 类所示：

```
using UnityEngine;
using System.Collections;

public class PriorityQueue {
  private ArrayList nodes = new ArrayList();

  public int Length {
    get { return this.nodes.Count; }
  }

  public bool Contains(object node) {
    return this.nodes.Contains(node);
  }

  public Node First() {
    if (this.nodes.Count > 0) {
      return (Node)this.nodes[0];
    }
    return null;
  }

  public void Push(Node node) {
    this.nodes.Add(node);
    this.nodes.Sort();
  }

  public void Remove(Node node) {
    this.nodes.Remove(node);
    //Ensure the list is sorted
    this.nodes.Sort();
  }
}
```

前面的代码列表应该很容易理解。需要注意的一点是，在从节点数组中添加和删除节点之后，我们需要调用 Sort 方法。这会调用到 Node 对象的 CompareTo 方法，并且会根据 estimatedCost 的值把节点排序。

7.2.3　GridManager

GridManager 类处理表示地图的网格的所有属性。我们将维护 GridManager 类的一个单例，因为我们只需要一个表示地图的对象，代码如 GridManager.cs 文件所示：

```
using UnityEngine;
using System.Collections;

public class GridManager : MonoBehaviour {
  private static GridManager s_Instance = null;

  public static GridManager instance {
    get {
      if (s_Instance == null) {
        s_Instance = FindObjectOfType(typeof(GridManager))
            as GridManager;
        if (s_Instance == null)
          Debug.Log("Could not locate a GridManager " +
              "object. \n You have to have exactly " +
              "one GridManager in the scene.");
      }
      return s_Instance;
    }
  }
}
```

在场景中寻找 GridManager 对象，如果找到，就将它赋给 s_Instance 静态变量。

```
public int numOfRows;
public int numOfColumns;
public float gridCellSize;
public bool showGrid = true;
public bool showObstacleBlocks = true;

private Vector3 origin = new Vector3();
private GameObject[] obstacleList;
public Node[,] nodes { get; set; }
public Vector3 Origin {
  get { return origin; }
}
```

接下来声明所有的变量，我们需要表示地图，比如行和列的数目，每一个网格图块的大小，以及一些用来可视化网格和障碍物的布尔变量，并且需要存储网格中现有的所有节点，代码如下所示：

```
void Awake() {
  obstacleList = GameObject.FindGameObjectsWithTag("Obstacle");
  CalculateObstacles();
}
// Find all the obstacles on the map
void CalculateObstacles() {
  nodes = new Node[numOfColumns, numOfRows];
  int index = 0;
  for (int i = 0; i < numOfColumns; i++) {
```

```
      for (int j = 0; j < numOfRows; j++) {
        Vector3 cellPos = GetGridCellCenter(index);
        Node node = new Node(cellPos);
        nodes[i, j] = node;
        index++;
      }
    }
    if (obstacleList != null && obstacleList.Length > 0) {
      //For each obstacle found on the map, record it in our list
      foreach (GameObject data in obstacleList) {
        int indexCell = GetGridIndex(data.transform.position);
        int col = GetColumn(indexCell);
        int row = GetRow(indexCell);
        nodes[row, col].MarkAsObstacle();
      }
    }
  }
```

查看所有标记为 Obstacle 的游戏对象，并将它们放进 obstacleList 属性中。然后在 CalculateObstacles 方法中设置我们的二维节点数组。首先，我们只需用默认的属性来创建一般的节点对象。接着，检查 obstacleList，将它们的位置转化为行、列的数据，并且将该下标位置的节点修改为障碍节点。

GridManager 有一组帮助方法，可以用来遍历网格并获取每一个网格单元格的数据。下面是其中的一些方法，并对其各自的功能有一些简要的描述。实现它们很简单，所以我们不打算过多地描述细节。

GetGridCellCenter 方法从单元的下标返回世界坐标中的网格单元格，代码如下所示：

```
public Vector3 GetGridCellCenter(int index) {
  Vector3 cellPosition = GetGridCellPosition(index);
  cellPosition.x += (gridCellSize / 2.0f);
  cellPosition.z += (gridCellSize / 2.0f);
  return cellPosition;
}

public Vector3 GetGridCellPosition(int index) {
  int row = GetRow(index);
  int col = GetColumn(index);
  float xPosInGrid = col * gridCellSize;
  float zPosInGrid = row * gridCellSize;
  return Origin + new Vector3(xPosInGrid, 0.0f, zPosInGrid);
}
```

GetGridIndex 方法返回指定位置的网格中单元格的下标。

```
public int GetGridIndex(Vector3 pos) {
  if (!IsInBounds(pos)) {
    return -1;
  }
  pos -= Origin;
  int col = (int)(pos.x / gridCellSize);
  int row = (int)(pos.z / gridCellSize);
  return (row * numOfColumns + col);
}

public bool IsInBounds(Vector3 pos) {
  float width = numOfColumns * gridCellSize;
  float height = numOfRows* gridCellSize;
  return (pos.x >= Origin.x &&  pos.x <= Origin.x + width &&
      pos.x <= Origin.z + height && pos.z >= Origin.z);
}
```

GetRow 方法和 GetColumn 方法返回指定下标的网格单元格中的行和列的数据。

```
public int GetRow(int index) {
  int row = index / numOfColumns;
  return row;
}

public int GetColumn(int index) {
  int col = index % numOfColumns;
  return col;
}
```

另一个重要的方法是 GetNeighbours，AStar 类中使用该方法来获取指定节点的相邻节点。

```
public void GetNeighbours(Node node, ArrayList neighbors) {
  Vector3 neighborPos = node.position;
  int neighborIndex = GetGridIndex(neighborPos);

  int row = GetRow(neighborIndex);
  int column = GetColumn(neighborIndex);

  //Bottom
  int leftNodeRow = row - 1;
  int leftNodeColumn = column;
  AssignNeighbour(leftNodeRow, leftNodeColumn, neighbors);
```

```
    //Top
    leftNodeRow = row + 1;
    leftNodeColumn = column;
    AssignNeighbour(leftNodeRow, leftNodeColumn, neighbors);

    //Right
    leftNodeRow = row;
    leftNodeColumn = column + 1;
    AssignNeighbour(leftNodeRow, leftNodeColumn, neighbors);

    //Left
    leftNodeRow = row;
    leftNodeColumn = column - 1;
    AssignNeighbour(leftNodeRow, leftNodeColumn, neighbors);
  }
  void AssignNeighbour(int row, int column, ArrayList neighbors) {
    if (row != -1 && column != -1 &&
        row < numOfRows && column < numOfColumns) {
      Node nodeToAdd = nodes[row, column];
      if (!nodeToAdd.bObstacle) {
        neighbors.Add(nodeToAdd);
      }
    }
  }
}
```

首先，我们获取位于当前节点的上、下、左、右四个方向的相邻节点。然后在
AssignNeighbour方法中，检查节点是否为障碍物。如果不是，则将该相邻节点添加进
相邻节点引用数组中。下一个方法是一个将网格和障碍物可视化的调试辅助程序。

```
    void OnDrawGizmos() {
      if (showGrid) {
        DebugDrawGrid(transform.position, numOfRows, numOfColumns,
          gridCellSize, Color.blue);
      }
      Gizmos.DrawSphere(transform.position, 0.5f);
      if (showObstacleBlocks) {
        Vector3 cellSize = new Vector3(gridCellSize, 1.0f,
          gridCellSize);
        if (obstacleList != null && obstacleList.Length > 0) {
          foreach (GameObject data in obstacleList) {
            Gizmos.DrawCube(GetGridCellCenter(
                GetGridIndex(data.transform.position)), cellSize);
          }
        }
      }
    }

    public void DebugDrawGrid(Vector3 origin, int numRows, int
```

```
       numCols,float cellSize, Color color) {
       float width = (numCols * cellSize);
       float height = (numRows * cellSize);

       // Draw the horizontal grid lines
       for (int i = 0; i < numRows + 1; i++) {
         Vector3 startPos = origin + i * cellSize * new Vector3(0.0f,
           0.0f, 1.0f);
         Vector3 endPos = startPos + width * new Vector3(1.0f, 0.0f,
           0.0f);
         Debug.DrawLine(startPos, endPos, color);
       }
       // Draw the vertial grid lines
       for (int i = 0; i < numCols + 1; i++) {
         Vector3 startPos = origin + i * cellSize * new Vector3(1.0f,
           0.0f, 0.0f);
         Vector3 endPos = startPos + height * new Vector3(0.0f, 0.0f,
           1.0f);
         Debug.DrawLine(startPos, endPos, color);
       }
     }
   }
```

gizmos 可以用来画图以进行可视化调试，以及在场景编辑视图中设置帮助。引擎会在每一帧都调用 OnDrawGizmos。所以，如果调试标记 showGrid 和 showObstacleBlocks 被置位，我们就会画出网格线以及障碍物立方体对象。至于过于简单的 DebugDrawGrid，我们就不再去分析了。

 你可以在下面的 Unity3D 参考文档中了解到更多关于 gizmos 的信息 http://docs.unity3d.com/Documentation/ScriptReference/Gizmos.html。

7.2.4　AStar

AStar 类是一个主类，它将会使用我们前面已经实现的类。如果你想回顾那些内容，可以回到算法章节。我们要从 openList 和 closedList 的声明开始，这两个都是 PriorityQueue 类，如 AStar.cs 文件所示：

```
using UnityEngine;
using System.Collections;

public class AStar {
  public static PriorityQueue closedList, openList;
```

接下来，实现一个 HeuristicEstimateCost 方法来计算两个节点之间的代价。计算很简单，只需找到两个节点之间的方向向量，用一个位置向量减去另一个位置向量。该结果向量的模就是当前节点到目标节点的直线距离。

```
private static float HeuristicEstimateCost(Node curNode,
    Node goalNode) {
  Vector3 vecCost = curNode.position - goalNode.position;
  return vecCost.magnitude;
}
```

接下来，我们来看看主要的 FindPath 方法：

```
public static ArrayList FindPath(Node start, Node goal) {
  openList = new PriorityQueue();
  openList.Push(start);
  start.nodeTotalCost = 0.0f;
  start.estimatedCost = HeuristicEstimateCost(start, goal);

  closedList = new PriorityQueue();
  Node node = null;
```

我们对开放列表和封闭列表进行初始化。从起始节点开始，将它放入开放列表。然后开始处理开放列表。

```
    while (openList.Length != 0) {
      node = openList.First();
      //Check if the current node is the goal node
      if (node.position == goal.position) {
        return CalculatePath(node);
      }

      //Create an ArrayList to store the neighboring nodes
      ArrayList neighbours = new ArrayList();

      GridManager.instance.GetNeighbours(node, neighbours);

      for (int i = 0; i < neighbours.Count; i++) {
        Node neighbourNode = (Node)neighbours[i];

        if (!closedList.Contains(neighbourNode)) {
          float cost = HeuristicEstimateCost(node,
              neighbourNode);

          float totalCost = node.nodeTotalCost + cost;
```

```
        float neighbourNodeEstCost = HeuristicEstimateCost(
            neighbourNode, goal);

        neighbourNode.nodeTotalCost = totalCost;
        neighbourNode.parent = node;
        neighbourNode.estimatedCost = totalCost +
            neighbourNodeEstCost;

        if (!openList.Contains(neighbourNode)) {
          openList.Push(neighbourNode);
        }
      }
    }
    //Push the current node to the closed list
    closedList.Push(node);
    //and remove it from openList
    openList.Remove(node);
  }

  if (node.position != goal.position) {
    Debug.LogError("Goal Not Found");
    return null;
  }
  return CalculatePath(node);
}
```

这里的代码实现与前面讨论的算法一样，如果你对任何内容还不清楚，可以温习之前的章节。

1）获取 openList 中的第一个节点。需要记住 openList 中的节点在每次新添加一个节点时都会进行排序。因此，第一个节点总是到达目标节点估计成本最少的节点。

2）检查当前节点是否是目标节点。如果是，则退出循环，并构建路径数组。

3）创建一个数组来存储当前节点待处理的相邻节点。使用 GetNeighbours 方法来从网格中获取相邻节点。

4）对于相邻节点数组中的每一个节点，检查它是否已经在 closedList 中。如果不在，则计算它的成本值，更新节点中的成本值属性和父节点数据，并将其放进 openList 中。

5）将当前节点放进 closedList 中，并从 openList 中移除。回到第 1 步。

如果 openList 中没有任何其他节点，且存在一条有效路径，那么当前节点应该位于目标节点处。然后把当前节点作为参数调用 CalculatePath 方法。

```
private static ArrayList CalculatePath(Node node) {
  ArrayList list = new ArrayList();
  while (node != null) {
    list.Add(node);
    node = node.parent;
  }
  list.Reverse();
  return list;
}
}
```

CalculatePath 方法跟踪每个节点的父节点，并构建一个数组。它将得出从目标节点到起始节点的一个数组。因为我们希望得到从起始节点到目标节点的路径，所以我们调用 Reverse 方法。

这就是我们的 AStar 类。在接下来的代码中，我们将会编写一个测试脚本对以上这些进行测试，然后设置一个场景来应用它。

7.2.5 TestCode 类

TestCode 类将会使用 AStar 类来找到从起始节点到目标节点的路径，如下 TestCode.cs 文件所示：

```
using UnityEngine;
using System.Collections;

public class TestCode : MonoBehaviour {
  private Transform startPos, endPos;
  public Node startNode { get; set; }
  public Node goalNode { get; set; }

  public ArrayList pathArray;

  GameObject objStartCube, objEndCube;
  private float elapsedTime = 0.0f;
  //Interval time between pathfinding

  public float intervalTime = 1.0f;
```

首先我们设置好需要引用的变量。变量 pathArray 用来存储 AStar 的 FindPath 方法返回的节点数组。

```
void Start () {
    objStartCube = GameObject.FindGameObjectWithTag("Start");
    objEndCube = GameObject.FindGameObjectWithTag("End");

    pathArray = new ArrayList();
    FindPath();
}

void Update () {
    elapsedTime += Time.deltaTime;
    if (elapsedTime >= intervalTime) {
        elapsedTime = 0.0f;
        FindPath();
    }
}
```

在 Start 方法中，我们查找标记为 Start 和 End 的对象，并对 pathArray 变量进行初始化。假如开始节点和结束节点有变化，我们将在每个我们设置的 intervalTime 属性的时间间隔中，试着找到新的路径，接着调用 FindPath 方法。

```
void FindPath() {
    startPos = objStartCube.transform;
    endPos = objEndCube.transform;

    startNode = new Node(GridManager.instance.GetGridCellCenter(
        GridManager.instance.GetGridIndex(startPos.position)));

    goalNode = new Node(GridManager.instance.GetGridCellCenter(
        GridManager.instance.GetGridIndex(endPos.position)));

    pathArray = AStar.FindPath(startNode, goalNode);
}
```

由于我们在 AStar 类中实现了路径寻找算法，现在找到一条路径变得简单多了。首先，获得起始和结束游戏对象的位置。然后，使用 GridManager 的帮助方法来创建新的节点对象，利用 GetGridIndex 方法来计算其在网格中相对的行和列的下标位置。一旦完成这些，我们只需将起始节点和目标节点作为参数，调用 AStar.FindPath 方法，并且将返回的节点数组存储在 pathArray 属性中。接下来我们将实现 OnDrawGizmos 方法，把我们找到的路径画出来进行可视化。

```
void OnDrawGizmos() {
    if (pathArray == null)
```

```
      return;

   if (pathArray.Count > 0) {
     int index = 1;
     foreach (Node node in pathArray) {
       if (index < pathArray.Count) {
         Node nextNode = (Node)pathArray[index];
         Debug.DrawLine(node.position, nextNode.position,
           Color.green);
         index++;
       }
     }
   }
 }
}
```

我们遍历 pathArray，并用 Debug.DrawLine 方法画出连接 pathArray 中的节点的线条。有了这些，在运行并测试我们的程序时，就会看到一条连接起始节点和结束节点的绿色线条。

7.3 场景设置

我们将要设置一个与下图类似的场景：

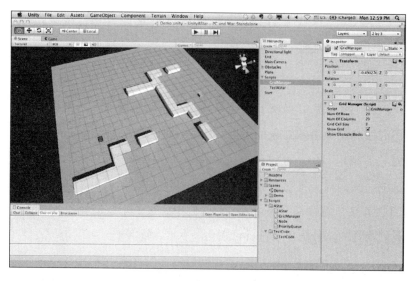

示例场景

我们要设置一个平行光，起始和结束游戏对象，一些障碍对象，一个用来表示地面的平面实体以及两个用来存放 GridManager 和 TestAStar 脚本的空游戏对象。下面是场景的层级视图：

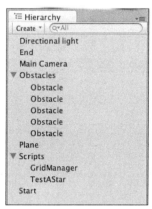

场景的层级

创建一组立方体实体，并将其标记为障碍物。我们将在运行路径寻找算法时使用这个标记来查找对象。

障碍节点

创建一个立方体，并将其标记为起始。

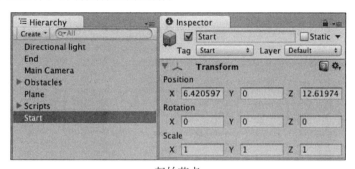

起始节点

再创建另一个立方体，并将其标记为结束。

结束节点

现在创建一个空游戏对象，并将 GridManager 脚本附加上去。因为我们将通过这个名字从脚本中找到 GridManager 对象，所以将其名称也设置为 GridManager。在这里我们可以设置网格的行、列数目，以及每一个图块的大小。

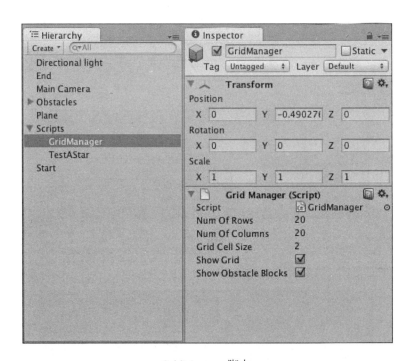

GridManager 脚本

7.4　测试

让我们点击播放按钮，看看我们的 A* 路径寻找算法的动作。默认情况下，当你点击播放按钮时，Unity3D 将会切换到游戏视图。因为我们的路径寻找可视化代码编写为在调试模式中画图，所以你需要切换回场景视图，或打开 gizmos 才能看到找到的路径。

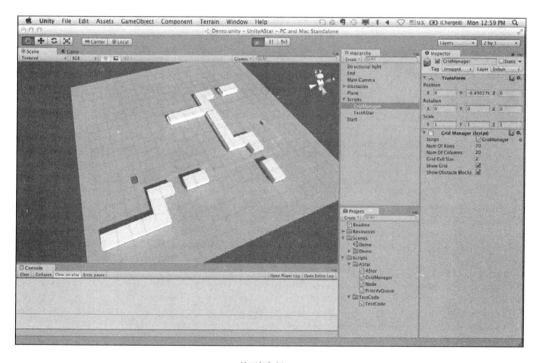

找到路径一

现在试着在场景中使用编辑器的移动功能，移动起始节点或结束节点。（不是在游戏视图，而是在场景视图中。）

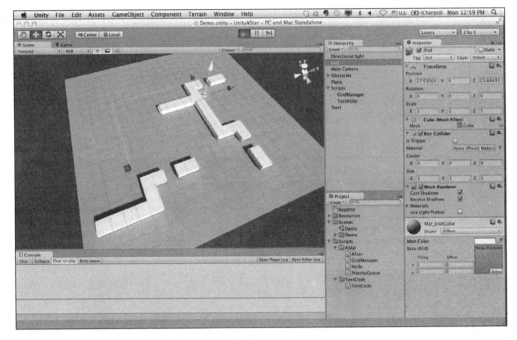

找到路径二

如果从起始节点到目标节点有一条有效路径，你应该能看到路径会自动做出相应的实时更新。如果没有有效路径，你会在控制台窗口中看到一条出错消息。

7.5 本章小结

在本章中，我们学习了如何在 Unity3D 环境中实现 A* 寻路算法。我们实现了自己的 A* 寻路算法类、网格类、队列类和节点类。我们学习了 IComparable 接口并重写了 CompareTo 方法。使用了调试画图功能将网格和路径可视化。随着 Unity3D 的 navmesh 特性和 navagent 特性的到来，你可能不再需要亲自实现自己的寻路算法。尽管如此，这也会帮助你理解这些在实现背后的底层算法。

在下一章中，我们将会扩展 A* 背后的概念，并学习导航网格。有了导航网格，在不平坦的地形中寻找路径会变得更加简单。

导 航 网 格

在本章中，我们将学习使用 Unity 的内置导航网格生成器，这个功能会让我们的
人工智能代理寻路时更加容易。遗憾的是，这个功能仅在 Unity Pro 版本中才有，所以
你需要一个许可。或者你也可以使用 Unity Pro 的 30 天免费试用版（前提是你还没有
这样做过）来进行本章的练习。要激活免费试用，先打开 Unity | ManageLicense，然
后选择 Activate new license。选中 30 天免费试用选项，然后点击 OK 按钮，接下来你
应该做好继续下去的准备了。

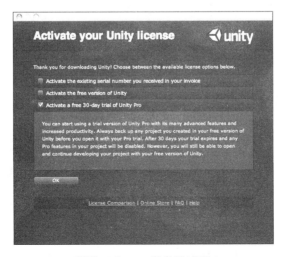

激活 Unity Pro 的免费试用

8.1 简介

人工智能寻路需要以特定的格式来表示场景。我们已经了解过在 2D 地图上使用二维网格（数组）进行 A＊寻路的情况。人工智能代理商需要知道哪里有障碍，尤其是静态障碍物。避免与动态运动物体之间的碰撞是另一个问题，一般被称为引导行为。Unity 具有内置的导航功能，可以产生一个导航网格（navmash），用来表示当前上下文的场景，我们的人工智能代理可以以此找到到达目标的最佳路径。本章的项目中有四个场景。你应该在 Unity 中打开它，看看它是如何运行的，这样可以对我们打算实现的功能产生一个感性认识。通过这个示例项目，我们将会学习如何创建一个导航网格，以及如何让人工智能代理在我们的场景中使用它。

8.2 设置地图

在真正开始之前，我们将构建一个如下图所示的简单场景。这是示例项目的第一个场景，名为 NavMesh01-Simple.scene。你可以用一个平面作为地面对象，以及几个立方体实体作为墙壁对象。稍后我们将放入一些人工智能代理（当然是我们一直以来最喜欢使用的坦克），向鼠标点击的位置行进，如同在一个即时战略游戏中那样。

具有障碍物的场景 -NavMesh01-Simple.scene

8.2.1 Navigation Static

一旦我们添加了墙壁和地面，就要给它们标记 Navigation Static，这样导航网格生成器才知道哪些是需要避开的静态障碍物对象。要做到这一点，先选中所有的对象，点击 Static 按钮，再选择 Navigation Static，如下图所示。

Navigation Static 属性

8.2.2 烘焙导航网格

现在，我们的场景已经完成。让我们开始烘焙（bake）导航网格。首先，我们需要打开导航（navigation）窗口。依次点击 Window | Navigation，你应该能够看到如下窗口：

导航窗口

所有这些特性都已经不言自明了，你也可以查看如下的 Unity 参考文档来了解详情：http://docs.unity3d.com/Documentation/Manual/Navmeshbaking.html。

现在，我们不改动任何默认值，只是点击一下 Bake。你会看到烘焙导航网格场景的进度条，在一段时间后，你会看到场景中的导航网格，如下图所示。

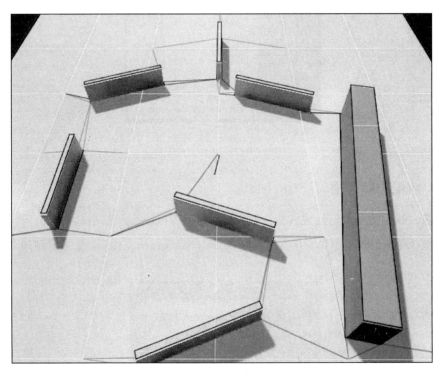

烘焙后的导航网格

8.2.3　导航网格代理

我们已经完成了这个超级简单的场景。现在，让我们添加一些人工智能代理，看看它是否能够正常工作。在这里我们将使用坦克模型。但是，如果你在调试自己的场景，没有这个模型，你可以用一个立方体实体或球体实体作为代理。它们的工作原理是相同的。

坦克实体

下一步是将导航网格代理组件（Nav Mesh Agent）添加到我们的坦克实体。此组件使得路径寻找变得很容易。我们在寻找路径时不再需要找像 A * 这样的算法，仅仅在运行时设置组件的目标属性，我们的人工智能代理就能自动找到一条路径。

依次点击 Component | Navigation | Nav Mesh Agent 来添加这个组件。

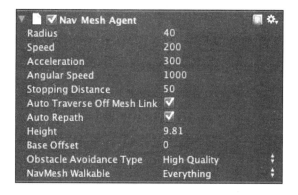

导航网格代理属性

你可以在 http://docs.unity3d.com/Documentation/Components/class-NavMeshAgent. html 找到 Unity 关于导航网格代理组件的参考。

一个需要注意的地方是导航网格的可行走（Walkable）属性。这指定了导航网格代理可以行走的导航网格图层。我们将在 8.4 节中讨论导航图层。

更新代理的目的地

现在，我们已经设置好了我们的人工智能代理，我们需要一种方法来告诉这个代理去哪里，并根据鼠标点击的位置更新坦克的目的地。

所以，让我们添加一个球体实体用作标记对象，将下面的 Target.cs 脚本添加给一个空的游戏对象。然后在检视面板（inspector）中把这个球体实体拖曳到这个脚本的 targetMarker 转换属性上。

Target.cs 类

这是一个简单的类，它完成了以下三件事情：

❑ 用一条射线获取鼠标点击的位置
❑ 更新标记位置
❑ 更新所有导航网格代理的目的地属性

以下就是这个类的代码：

```
using UnityEngine;
using System.Collections;
public class Target : MonoBehaviour {
  private NavMeshAgent[] navAgents;
  public Transform targetMarker;

  void Start() {
    navAgents = FindObjectsOfType(typeof(NavMeshAgent)) as
        NavMeshAgent[];
  }

  void UpdateTargets(Vector3 targetPosition) {
    foreach (NavMeshAgent agent in navAgents) {
      agent.destination = targetPosition;
    }
  }
```

```
void Update() {
  int button = 0;

  //Get the point of the hit position when the mouse is
  //being clicked
  if(Input.GetMouseButtonDown(button)) {
    Ray ray = Camera.main.ScreenPointToRay(
        Input.mousePosition);

    RaycastHit hitInfo;
    if (Physics.Raycast(ray.origin, ray.direction,
        out hitInfo)) {
      Vector3 targetPosition = hitInfo.point;
      UpdateTargets(targetPosition);
      targetMarker.position = targetPosition +
          new Vector3(0,5,0);
    }
  }
}
```

在游戏开始时，我们在游戏中寻找所有NavMeshAgent类型的实体，并把它们存储到NavMeshAgent引用数组中。每当有一个鼠标点击事件发生时，就做一个简单的光线投射来确定与光线发生碰撞的第一个对象。如果光线碰到了任何对象，就更新我们的标记位，并通过设置导航网格代理的目的地属性，来更新它的目的地。我们将在本章中使用这个脚本来告诉我们的人工智能代理目的地的位置。

现在，试运行一下这个场景，并点击一个你想要坦克去的点。坦克应该会尽可能地到达该点，同时避免同如墙壁这样的静态障碍碰撞。

8.3 有斜坡的场景

让我们来构建一个有斜坡的场景，如下图所示：

含有斜坡的场景—NavMesh02-Slope.scene

这里有一件重要的事情需要注意，斜坡和墙面要与彼此相接触。如果要在后面生成导航网格，那么场景中像这样的目标就需要完美地连接在一起。否则，导航网格中就会有空隙，代理就找不到路径了。有一个称为分离网格链接（Off Mesh Links）的功能，就是专门用来解决这类问题的。我们将会在 8.5 节介绍这个功能。现在，请务必正确地连接斜坡。

连接良好的斜坡

接下来，我们可以依据我们想让场景中的代理通过的最大斜率（Max Slope），来调整导航窗口（Navigation）的烘焙（Bake）标签。在这里我们定义最大斜率为 45 度。如果你的斜坡比这更陡，你也可以使用更高的最大斜率值。

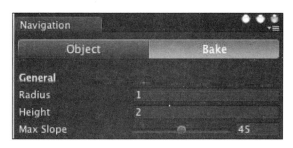

最大斜率属性

烘焙场景后，生成的导航网格如下图所示：

生成的导航网格

接下来，我们在场景中放置一些含有导航网格代理 (Nav Mesh Agent) 组件的坦克。创建一个新的立方体对象作为一个目标参考位置。我们将使用前面的 Target.cs 脚本来更新人工智能代理的目的地属性。试运行场景，你会发现你的人工智能代理跨越了斜坡到达目的地。

8.4 NavMeshLayers

在较为复杂的游戏环境中，我们通常需要区分一些比普通区域更难穿越的区域，比如说与穿越桥梁相比，穿越池塘或湖泊要更困难。尽管直接穿越池塘可能是到达目的地的最短路径，我们也希望人工智能代理选择由桥梁通过，因为它更符合常理。换句话说，我们希望穿越池塘比穿越桥梁成本更高。在本节中，我们将看看NavMeshLayers，这是一种用来给不同的图层定义不同成本的方法。

我们要建立一个如下图所示的场景。场景中总共有三个平面，其中两个是地面，中间由桥形的结构连接，它们的中间是一个水面。正如你所看到的那样，坦克越过水面到达立方体目标是最短的路径，但是我们想让人工智能代理选择桥梁通过，只有迫不得已时才选择穿越水面，比如说当其目标对象在水面上时。

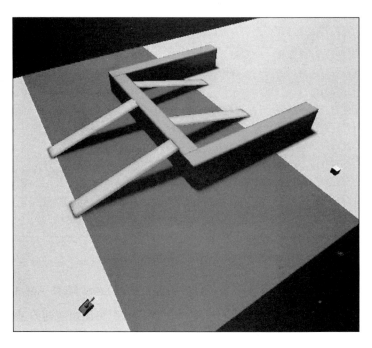

含有图层的场景—NavMesh03-Layers.scene

场景层级如下面的截图所示。我们的游戏层由平面、斜坡和墙壁组成。我们有一个坦克实体，以及一个附加了 Target.cs 脚本的立方体作为目标。

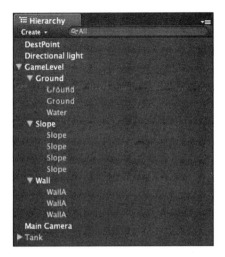

场景层级

依次点击 Edit | Project Settings | NavMeshLayers，来创建你自己的 NavMeshLayer。

NavMeshLayers

 你可以在 http://docs.unity3d.com/Documentation/Components/class-NavMeshLayers.
html 找到 Unity 中关于 Nav Mesh Layers 的参考。

Unity 统一配备了三个默认图层：默认图层、不可行走图层、跳跃图层。每个图层都可能具有不同的成本值。我们添加一个新图层，命名为水图层（Water）并将它的成本设为5。

接下来，选择水面。跳转到导航窗口（Navigation）的对象（Object）标签下，将导航图层设为水图层（Water）。

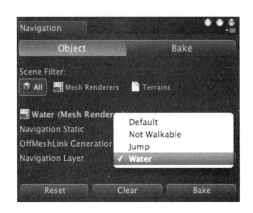

水图层

烘焙这个场景的导航网格，并测试运行。你会看到人工智能代理现在会选择斜坡通过，而不是直接从标记为水图层的平面通过。因为标记为水图层的平面的成本更高。试着把目标对象放到水平面中的不同地方。你会看到人工智能代理有时会游到岸边选择桥梁，而不是试图直接穿过水面。

8.5 分离网格链接

有时场景中会有一些空隙，这会使导航网格连接断开。比如，在前面的例子中如果斜坡和墙壁没有连接在一起，我们的代理就找不到这条路径。或者我们也可以设置一个点，让我们的代理可以从墙壁上跳到下面的平面上。Unity有一个称为分离网格链接（Off Mesh Links）的功能，这个功能可以将这些空隙连接起来。分离网格链接可以手动设置，也可以通过Unity的导航网格生成器自动生成。

下图是我们将要构建的示例场景。如你所见，在两个平面之间有一个小的空隙。

让我们来看看如何用分离网格链接将这两个平面连接起来。

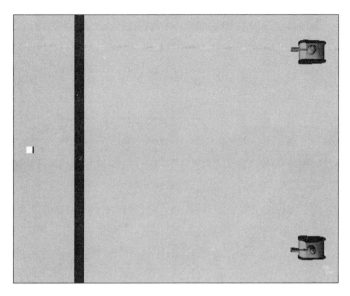

含有分离网格链接的场景——NavMesh04-OffMeshLinks.scene

8.5.1　生成分离网格链接

首先，我们用自动生成分离网格链接来连接这两个平面。我们要做的第一件事就是在属性检视面板（Inspector）中将这两个平面静态标记为分离网格链接生成，如下图所示：

静态分离网格链接生成

点击导航（Navigation）窗口，留意烘焙（Bake）标签中的如下属性。你可以设置自动生成分离网格链接的临界值。

Generated Off Mesh Links	
Drop Height	0
Jump Distance	50

分离网格生成属性

点击烘焙（Bake），你可以看到连接两个平面的分离网格，如下图所示：

生成的分离网格链接

现在我们的人工智能代理终于可以遍历平面并找到跨越两个平面的路径了。本质上一旦代理到达平面的边缘并发现分离网格链接后，将会被传送到另一个平面。当然，如果我们并不想要远距离传送，最好还是建一座桥梁让我们的代理可以跨越。

8.5.2 手动生成分离网格链接

如果我们不希望生成沿着整个边缘分布的分离网格链接，而是想让代理在特定的点被传送到另一个平面，我们可以手动设置分离网格链接。具体方法如下：

手动设置分离网格链接

这是我们的场景，两个平面之间有很明显的距离。我们在两个平面上各自放置一对球体实体。选择其中一个，依次点击 Component | Navigation | Off Mesh Link ，将分离网格链接添加到球体上。我们只需要把这个组件添加到球体上，然后把第一个球体拖曳到 Start 属性上，再把另一个球体拖曳到 End 属性上。

分离网格链接组件

 你可以在 http://docs.unity3d.com/Documentation/Components/class-OffMeshLink.html 找到 Unity 中关于分离网格链接的参考。

手动生成分离网格链接

转到导航（Navigation）窗口，烘焙这个场景。现在我们的平面已经由手动生成的分离网格链接连接起来，即便那里存在一个空隙，人工智能代理也可以使用这个链接顺利地通过。

8.6 本章小结

在本章中，我们学会了如何生成导航网格，并使用导航网格来表示场景以供寻路。我们学习了如何设置具有不同成本的导航图层，以供寻路使用。我们学会了使用导航网格代理组件轻松地找到路径，以及使用目的地属性向目标移动。通过自动生成分离网格链接，以及使用其组件进行手动设置，我们利用分离网格链接将导航网格之间的空隙连接了起来。掌握这些信息以后，我们可以很容易地创建一些简单却具有复杂人工智能的游戏。例如，你可以试着将人工智能坦克的目的地设置为玩家坦克的位置，并使其跟随玩家坦克。同时，通过使用简单的有限状态机，来让它们之间的距离一旦到达一定范围后，人工智能坦克就可以攻击玩家。有限状态机已经帮助我们解决了许多难题，但它还是具有某些限制。在下一章中，我们将会学习行为树以及如何使用它进行人工智能决策，即便是在最为复杂的游戏中。

第 9 章 *Chapter 9*

行 为 树

行为树是另一种控制游戏角色状态和行为的方式。它们也可以用来替代有限状态机,我们已经在第 2 章中对此做出过描述。有限状态机尽管实现起来简单、直接且容易理解,但是一旦逻辑变得非常复杂,框架就变得庞大且难以维护。其中一个重要的原因是,在有限状态机中,我们必须精确地定义所有状态之间的转移,因此,当有限状态机的状态变得越来越多之后,更新有限状态机的状态及其之间的转移将会变得极其复杂。所以,人工智能开发者就开始致力于寻找新的方法和技术,比如分层有限状态机(HFSM)和分层任务网络(HTN),行为树就是这些新方法和技术之一,并且已经广泛流行于 AAA 游戏,比如 Halo、Crysis 和 Spore 的应用中。

由于本书的重点是在 Unity3D 中实现人工智能,我们不会教你怎样从零开始实现整个行为树系统。不过,幸运的是 Unity3D 中有一个叫做 Behave 的功能强大的插件,可以用它来实现行为树。我们将在本章中使用这个插件,并学习行为树中常见的组件和思想,同时实现一些简单的示例。

9.1 Behave 插件

Behave 是 Unity3D 中的一个系统,它通过行为树来设计游戏对象的行为逻辑。这个系统是由 Emil Johansen 设计并开发的，他本人目前在 Unity 科技公司工作。Behave 系统中有一个简单易用且支持拖曳操作的逻辑设计器。游戏设计者可以使用这个界面来设置行为树的逻辑，而游戏开发者可以实现具体的动作。这是 Unity3D 中实现行为树最简单的工具集，在本章中，我们将使用这个系统来实现代理的行为。

以下是下载和安装 Behave 插件的步骤：

1）首先，在 Unity 资源商店中找到并下载 Behave。在 Unity3D 中，点击 Window | Asset Store，然后搜索 Behave。

2）一旦找到 Behave，点击下载（Download）按钮旁边的箭头，选择下载并导入（Download and Import）。然后就会开始下载 Behave 系统，并将其导入到你当前打开的 Unity3D 项目中。Behave 的最新版本是 1.4，并且是免费的。所以，我们就使用这个版本。如果你正在使用之前的一个版本，可能会有一些或大或小的差异，我们这里的代码可能无法正常工作。

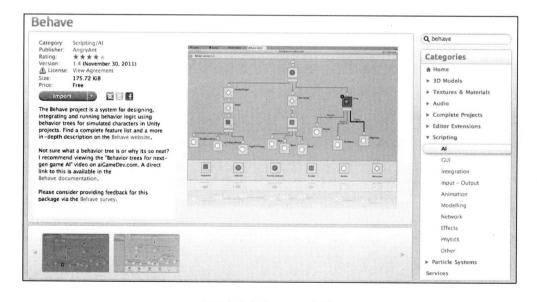

资源商店中的 Behave 插件

一旦将 Behave 导入到你的项目中，你将会在项目目录中看到一个名为 Behave 的文件夹。

已经导入的 Behave 库

你不需要担心这个目录中的内容，它们已经为系统使用做好了准备。

9.2　工作流

我们将简要地了解使用 Behave 来实现行为树的工作流程。在分别看过每个单独组件的工作流程之后，我们将会把这些组合起来，构建一个含有机器人和外星人的示例。让我们开始执行下面的步骤吧：

1）要使用 Behave 系统，我们首先需要创建 Behave 库。那就让我们来创建一个，并将其命名为 AgentBehaveLib。

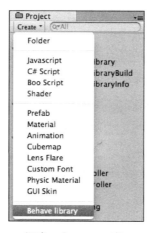

新建一个 Behave 库

2）选择你新创建的 AgentBehaveLib Behave 库，并在检视窗口（Inspector）中点击 Edit library 按钮。

Behave 库的属性

3）Behave 浏览器面板将会显示下图所示的内容。在这里，你可以创建持有实际的行为树的集合。

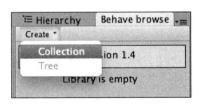

新建一个集合

4）新建一个集合，保留默认命名。然后，当集合被选中时，新建一个树，同样也保留默认命名。你的 Behave 浏览器看上去会类似于下图：

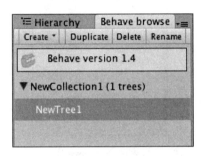

Behave 浏览器

5）选择刚刚新建的行为树，在 Behave 编辑器中，你会看到类似于下图的内容。如果你看不到这个编辑器，点击 Window | Behave tree editor，就可以将其激活。

创建行为树需要用到六个基本元素。最好能通过一个完整的教程来学习它们，因此，让我们从基本的行为节点开始吧。

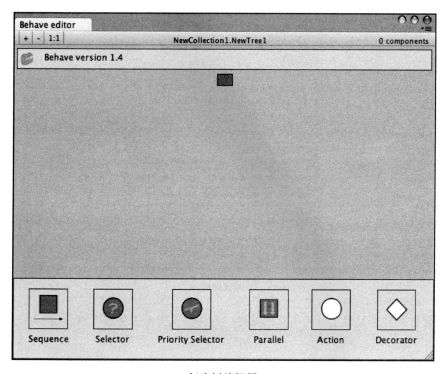

行为树编辑器

9.3 行为节点

行为节点是最基础的节点，行为树中由它来执行实际的事情。我们可以把一个行为节点拖曳到 Behave 编辑器中，然后点击并拖曳根节点，直接到它的链接连到行为节点上方的方框上，就可以将其与根节点链接在一起。选中行为节点，在检视面板中将其重命名为 MyAction，如下图所示。这些基本的设置告诉 Behave 系统，此行为树将会立刻执行这个行为某个确定的次数（执行次数由节点的 Frequency 变量属性决定）。

要确保你设置次数的值大于 0，这样后面创建的函数才会真正被调用。你可以在属性检视面板中找到更多的参考信息。

Collection
Name NewCollection1

Tree
Name NewTree1
Frequency 1
Comment

Component
Context
Invert ☐
Instant ☐
Comment
Action name MyAction
String parameter
Float parameter 0

> When Actions are ticked, their tick method or property get will be called on the IAgent given in the Tick call to the tree. If none is define, the default Tick method defined in IAgent is used and if a forward is set up then that is used in stead. The Action id and its parameters will be given in this call (if applicable) and whatever value is returned from the tick method, will be returned from the Actor node.
>
> The name of the Action can be resolved by casting the id from Tree.ActiveID to BL(YourLibraryName).Actions.

行为节点属性

如果你相应地设置了行为节点的属性，你的图表看上去将如下图所示：

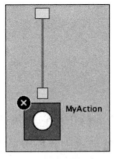

MyAction

一个行为节点

9.4 与脚本的接口

在我们从脚本中访问行为树前，我们需要构建或者编译行为树。Behave 会把行为树编译为一个 DLL 文件，这样我们就可以在脚本中引用或实现我们的自定义行为。重点需要注意的是，每当我们修改任何库中的东西时，在尝试使用我们添加的东西前，都必须重新编译 Behave 库。编译 Behave 库时有两个选项，调试和发布。这些构建选项只对我们的 Behave 库起作用，对实际游戏则不起作用。在本书中我们将使用调试选项，以便能够使用 Behave 内建的可视化调试器。

因此，为了编译你的行为树，你只需选择 Behave 库（在这个例子中是 AgentBehaveLib）并在检视面板中点击 Build library debug。片刻之后，你就会看到两个新的文件被添加到了你的项目目录中，要看到它们你也许需要刷新一下目录。当 Behave 库构建成功后，我们就已经为继续在脚本中实现行为做好准备了。接下来，让我们新建一个 C# 脚本，并将其命名为 AgentController。

我们要做的第一件事是导入 Behave 的运行时库，你可以在 Behave.Runtime 命名空间中找到它。同时我们需要实现 Behave 系统定义的 IAgent 接口，这样才能处理我们的行为。

AgentController.cs 文件中的代码如下所示：

```
using UnityEngine;
using System.Collections;
using Behave.Runtime;
using Tree = Behave.Runtime.Tree;

public class AgentController : MonoBehaviour, IAgent {

   Tree m_Tree;
```

接着，声明一个 Tree 变量来引用我们的行为树。在 Start 方法中，我们使用库中的 InstantiateTree 静态方法来创建一个行为树的实例。BLAgentBehaveLib 库由 Behave 生成，命名模式一般是 BL{库的名称}。在后面你也会看到 Behave 使用这样的惯例来命名，并且按照它需要的方式来命名是很重要的。InstantiateTree 方法接收两个参数：

用来进行实例化的树的类型，以及一个实现了 IAgent 接口的类的引用，在本例中我们只需传入它来引用当前类。注意树的类型是集合以及树的名字的组合。

```
IEnumerator Start () {
  m_Tree = BLAgentBehaveLib.InstantiateTree(
      BLAgentBehaveLib.TreeType.NewCollection1_NewTree1, this);
    while (Application.isPlaying && m_Tree != null) {
      yield return new
      WaitForSeconds(1.0f/m_Tree.Frequency);
      AIUpdate();
    }
  }
```

Behave 具有一个调用更新方法的实时循环。AIUpdate 是我们创建的会以一定的间隔被调用的更新方法，这个间隔基于树中频率属性的设定。在 AIUpdate 方法中，仅调用了树的实例的 Tick 方法。【注意：Behave 使用的术语是工作（tick），而不是更新（updatc）】

```
void AIUpdate() {
  m_Tree.Tick();
}
```

我们的 IAgent 接口有三个需要实现的方法，分别如下：

```
BehaveResult Tick (Tree sender, bool init);
void Reset (Tree sender);
int SelectTopPriority (Tree sender, params int[] IDs);
```

我们现在就来实现它们。每当一个行为节点或一个装饰节点（我们会在后面讨论到）工作或重置时，都会调用 Tick 方法和 Reset 方法。如果我们实现了自己的处理方法，这些方法就将被替代：

```
public BehaveResult Tick(Tree sender, bool init) {
    Debug.Log("Ticked Received by unhandled " +
      (BLAgentBehaveLib.IsAction(sender.ActiveID) ? "Action " :
"Decorator ") +
      " ... " + (BLAgentBehaveLib.IsAction(sender.ActiveID) ?
      ((BLAgentBehaveLib.ActionType)sender.ActiveID).ToString() :
      ((BLAgentBehaveLib.DecoratorType)sender.ActiveID).ToString()));
    return BehaveResult.Success;
```

```
    }

    public void Reset (Tree sender) {

    }
```

在一般的 Tick 方法中，我们只依据接收到方法的 sender 参数，打印出行为节点或
装饰节点的名字，如下：

```
    public int SelectTopPriority (Tree sender, params int[] IDs) {
        return 0;
    }
}
```

我们将再次短暂地回到 SelectTopPriority 方法。现在，我们要试着运行这个行为。
先创建一个空的游戏对象，再添加这个 AgentController 脚本，并点击运行。如果你跟
随了整个章节的内容，你将能够看到控制台中打印出的漂亮的日志信息，如下图所示：

```
⚠ AngryAnt Behave version 1.4 – Copyright (C) Emil Johansen – AngryAnt 2011
   UnityEngine.Debug:Log(Object)

⚠ Ticked Received by unhandled Action ... MyAction
   UnityEngine.Debug:Log(Object)

⚠ Ticked Received by unhandled Action ... MyAction
   UnityEngine.Debug:Log(Object)
```

未处理的行为结果

这意味着我们的行为树正在与我们的脚本协同工作。但正如我们之前提到的，因
为我们没有自己的 MyAction 节点的处理程序，所以就会调用默认的 Tick 方法，并打
印出这些信息。所以我们回到之前的脚本，为 MyAction 节点编写我们自己的处理函
数，如下代码所示：

```
    public BehaveResult TickMyActionAction (Tree sender) {
        Debug.Log ("MyAction ticked!");
        return BehaveResult.Success;
    }
```

为了实现自己的操作处理程序，你只需要遵循这个特定的命名模式，即
BehaveResult Tick{ 名称 }Action(Tree sender)。在这个例子中，{ 名称 } 就是我们的行
为的名称，即 MyAction。现在如果你再次运行项目，就会看到我们自己的行为处理器
打印的日志信息，如下图所示：

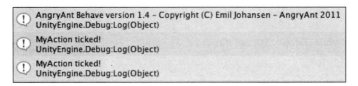

操作结果

到目前为止，你应该对如何使用 Behave 方法有了一个基本的认识。接下来，我们将学习在行为树中控制行为的执行流程的其他元素。

9.5 装饰节点

装饰节点允许在任何跟它连接在一起的节点被执行之前，执行条件项。装饰节点的自定义处理程序可以用和前面行为节点一样的方式实现，且遵循如下的命名模式 BehaveResult Tick{ 名称 }Decorator(Tree sender)。如果定义了节点，将会使用 IAgent 中所定义的默认的 Tick 方法。因此，让我们在一个新建的树中设置我们的行为，或者用一个装饰节点替换我们之前的树，如下图所示。如果你新建了一个树，一定要在 Start 方法中更新 BLAgentBehaveLib.TreeType 变量，指向这个新建的树。我们想要的结果是，如果新的装饰节点 ShouldDoMyAction 返回了成功，则执行 MyAction 行为，否则就不执行 MyAction 行为。

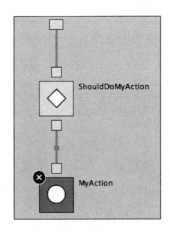

装饰节点

该处理方法是基于以下程序定义的：

❑ 如果 TickDecorator 返回成功，装饰节点的子节点会触发工作，且装饰节点将返回子节点的结果。

❑ 如果 TickDecorator 返回失败，装饰节点的子节点不会触发工作，而装饰节点将返回成功，这意味着任务完成。

❑ 如果 TickDecorator 返回运行中，装饰节点的子节点将会触发工作，无论子节点返回什么，装饰节点都将返回运行中。

现在，我们将为我们的 ShouldDoMyAction 装饰节点编写自己的处理方法。请注意，方法名必须为 TickShouldDoMyActionDecorator，如下所示：

```
private bool shouldDo = true;

public BehaveResult TickShouldDoMyActionDecorator (Tree sender) {
  shouldDo = !shouldDo;
  if (shouldDo) {
    Debug.Log ("Should Do!");
    return BehaveResult.Success;
  }
  else {
    Debug.Log ("Shouldn't Do!");
    return BehaveResult.Failure;
  }
}
```

如果运行这个脚本，你将会看到若装饰节点返回成功，则其子节点也会被调用，并且看到 TickMyActionAction 处理器打印的日志消息，如下图所示：

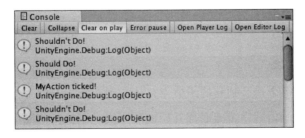

装饰节点结果

9.6 Behave 调试器

如果我们构建 Behave 库时选择了调试选项，就可以使用 Behave 的内置调试器，在实际运行中观察树的状态。现在我们就用这个调试器来检查一下运行中的装饰节点的状态吧。首先运行项目，依次点击 Window | Behave debugger 来显示调试器窗口。在窗口顶部，你可以看到 Tree instances 标签。在我们运行这个场景时，当前加载的树的名称将会出现在这个标签的右侧。点击树的名字以确保它出现在调试窗口中，如下图所示：

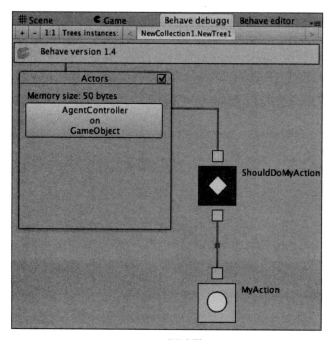

Behave 调试器

9.7 顺序节点

顺序节点会让每个连接到它的子节点，从左到右依次开始工作。每个节点的实际位置是无关紧要的。由顺序节点底部开始的顺序决定了执行的顺序。如果一个子节点返回失败，顺序节点就会从该点返回失败。但是如果该子节点返回成功，顺序节点会继续下一个节点，并返回运行中。让我们来设置一个行为树，让它具有一个顺序节点，以及与其相连的三个行为节点：FadeIn、FadeOut 和 GotoGame。

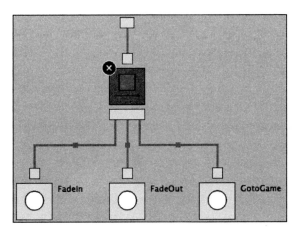

顺序节点

三个关于行为节点的处理方法都实现了，我们只是简单地返回 BehaveResult.Success，如下所示：

```
public BehaveResult TickFadeInAction (Tree sender) {
  Debug.Log ("FadeIn ticked!");
  return BehaveResult.Success;
}

public BehaveResult TickFadeOutAction (Tree sender) {
  Debug.Log ("FadeOut ticked!");
  return BehaveResult.Success;
}

public BehaveResult TickGotoGameAction (Tree sender) {
  Debug.Log ("GotoGame ticked!");
  return BehaveResult.Success;
}
```

如果我们现在运行项目，你会看到之前讨论的三个行为都是相继顺序调用的。

如果一个子节点返回了运行中，顺序节点也会从该点返回运行中，同时下一次顺序节点开始工作时，同一个子节点会再一次触发工作。

一旦顺序节点到达了它的子节点列表的末尾，顺序节点就会返回成功，并且当下一次顺序节点触发工作时，它的第一个子节点就会触发工作。

9.8 探索 Behave 的结果

现在让我们来更新我们的处理方法，来看一下 Behave 的其他结果。我们将在 FadeIn 行为中将 alpha 的值递增到 255，在到达之前我们将在 FadeIn 行为中返回运行中，如下代码所示：

```
private int alpha = 0;
private int gameLoading = 0;

public BehaveResult TickFadeInAction (Tree sender) {
  if (gameLoading >= 100) {
    return BehaveResult.Failure;
  }

  alpha++;
  Debug.Log ("FadeIn ticked! Alpha:" + alpha.ToString());
  if (alpha < 255) {
    return BehaveResult.Running;
  }
  else {
    alpha = 255;
    return BehaveResult.Success;
  }
}
```

因此，该序列不会移动到下一个子节点，并且会保持在触发 FadeIn 行为工作的状态。只有当 alpha 值达到 255 时，这个行为才会返回成功，故顺序节点才会移动到下一个子节点。一旦我们到达了 GotoGame 行为，并且 gameLoading 进度已经到了 100，我们只需返回失败。这样，直到加载已经完成之前，我们不会再次启动这个顺序节点。

下一个行为是 FadeOut，它会递减 alpha 值。与 FadeIn 相似的是，在它到达 0 之前，我们都将返回运行中。这样，顺序节点也将返回运行中，并且当顺序节点下一次被触发工作时，它也会从这个行为开始工作。这里有一点需要注意的是，"运行中"这个结果将会从这个子节点恢复执行，而不是最左侧的子节点。

```
public BehaveResult TickFadeOutAction (Tree sender) {
    alpha--;
  Debug.Log ("FadeOut ticked! Alpha:" + alpha.ToString());
  if (alpha > 0) {
    rcturn BehaveResult Running;
  }
  else {
    alpha = 0;
    return BehaveResult.Success;
  }
}
```

最后，当 FadeOut 行为返回成功时，顺序节点将进入到 GotoGame 行为，并且递增 gameLoading 的值。一旦这个值到达 100，我们将会返回成功，否则，我们只会返回运行中，如下代码所示：

```
public BehaveResult TickGotoGameAction (Tree sender) {
  gameLoading++;
  Debug.Log ("GotoGame ticked! Game loading: " +
     gameLoading.ToString());
  if (gameLoading < 100) {
    return BehaveResult.Running;
  }
  else {
    return BehaveResult.Success;
  }
}
```

我们刚刚在前面的例子中用了三种 Behave 的结果：成功、失败和运行中。在做这个测试之前，我们需要临时增加频率值（比如增加到 25）。否则的话，我们就需要 10 分钟的时间来让顺序节点完成执行！现在，让我们来看看另外三个行为树元素。

9.9 选择节点

选择节点像一个嵌套 if 语句，从左到右依次触发它的每一个子节点工作。如果一个子节点返回成功，选择节点就也从该点返回成功。但是如果某个子节点返回失败，选择节点就将转移到下一个子节点，并返回运行中。如果一个子节点返回运行中，选择节点也会这样返回，并且下一次选择节点被触发工作时，同样的子节点也会被再次触发工作。一旦选择节点到达了其子节点列表的末尾，它将返回失败，并且下一次选择节点再度被触发工作时，它将会从第一个子节点开始触发工作。

在这个练习中，我们将设置一个如下所示的树，包含一个选择，以及 Patrol、Attack 和 Idle 三个行为。

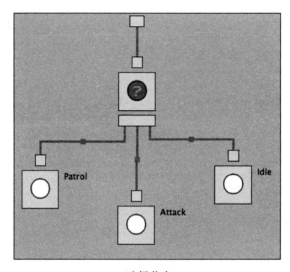

选择节点

在巡逻行为中，我们将递减与敌人之间距离的变量，并检查它是否与这个代理足够接近。如果不够接近，我们只需返回运行中，选择节点将会继续从这一点开始运行，如下代码所示：

```
private int distWithEnemy = 200;
private int enemyHealth = 100;

public BehaveResult TickPatrolAction (Tree sender) {
  if (distWithEnemy > 100) {
    distWithEnemy-=10;
      Debug.Log("Enemy is getting closers! " + distWithEnemy.
ToString());
      return BehaveResult.Running;
    }
    else {
```

```
        Debug.Log("Enemy spotted!");
        return BehaveResult.Failure;
      }
    }
```

一旦距离变量小于100，我们就将返回失败，这意味着敌人已经足够接近，我们不应该继续保持在巡逻行为了。于是我们的选择节点将会移动到下一个节点上，在本例中是转为攻击行为。

我们攻击敌人，并在攻击行为中递减其生命值。在攻击过程中，我们将返回运行中。只有当敌人死去时，我们才返回失败，表示敌人已经死去故我们不需要再进行任何攻击了。然后，选择节点就会转到下一个子节点，即空闲行为。

```
    public BehaveResult TickAttackAction (Tree sender) {
      enemyHealth-=5;
      Debug.Log("Attacking enemy! enemy health: " + enemyHealth.ToString
());
      if (enemyHealth < 10) {
        Debug.Log("Enemy's dead!");
        return BehaveResult.Failure;
      }
      else {
        return BehaveResult.Running;
      }
    }

    public BehaveResult TickIdleAction (Tree sender) {
      distWithEnemy = 200;
      enemyHealth = 100;
      Debug.Log("Idling for a while!");
      return BehaveResult.Success;
    }
```

因此，如果你运行这个行为树，你应该可以在控制台中看到一长串如下图所示的日志信息。根据我们的行为树和脚本，人工智能代理正相应地巡逻、检查与敌人的距离或攻击。

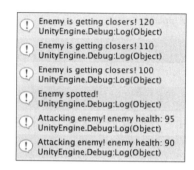

机器人和外星人之间的战斗

9.10 优先级选择节点

一个优先级选择节点触发工作后，将会通过它的 SelectTopPriority 方法查询其代理，以选出优先级最高的连接。优先级选择节点将会触发相应的下标 ID 对应的输出连接，并传入其返回值。如果被触发工作的连接返回运行中，优先级选择节点在触发下一个节点工作时就不会再次查询。如果一个优先级查询返回未知优先级 ID 或者不在查询集合范围内的 ID，优先级选择节点将会返回失败。

那么，让我们创建一个如下图所示的树，它具有一个优先级选择节点，以及 Eat、Sleep 和 Play 三个行为节点：

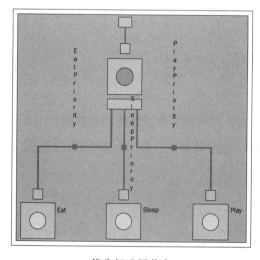

优先级选择节点

一定要注意的是，输出连接的顺序是很重要的，因为它们的下标值将为脚本所引用。在这个例子中 eat 行为节点的下标为 0，sleep 行为节点的下标为 1，play 行为节点的下标为 2。SelectTopPrioirty 方法实现的过程如下：

```
private bool isHungry = true;
private bool isSleepy = true;

public int SelectTopPriority (Tree sender, params int[] IDs) {
  if (isHungry) {
    isHungry = false;
    isSleepy = true;
    return IDs[0]; //eat
  }
  else if (isSleepy) {
    isSleepy = false;
    return IDs[1]; //sleep
  }
  else {
    isHungry = true;
    return IDs[2]; //play
  }
}
```

如果 isHungry 值为真并且 sleep 行为节点的 isSleepy 值也为真，我们就优先考虑 eat 行为节点，否则我们就选择 play 行为节点。与顺序节点和选择节点不同的是，优先级选择节点不需要按顺序执行，相反，我们可以直接基于条件返回一个相关的行为节点。

如果你需要一个树中含有多个优先级选择节点该怎么办呢？

搜索互联网，你就可以迅速地从 Angry Anton 在 Github 上的 Behave 问题列表中找到建议——使用选择节点的上下文变量来确定要在 SelectTopPriority 方法中调用的选择节点。

你可以在 https://github.com/AngryAnt/Behave-release/issues/ 找到此答案以及其他解决方案。

9.11 并行节点

并行节点会从左至右触发它所有的子节点工作。对于并行节点有两个重要的设置：一个是子节点完成，一个是组件完成。子节点完成参数决定子节点的返回值该如何处理，如下所示：

❑ 如果并行节点设置为成功或失败（SuccessOrFailure），那么无论它返回的是成功还是失败，子节点的输出都将标记为完成。

❑ 如果并行节点设置为成功（Success），那么子节点的输出只在其返回成功时才会标记为完成。在触发所有的子节点工作后，一个子节点返回失败就会导致并行组件返回失败。

❑ 并行节点的失败（Failure）设置也以同样的方式工作。子节点只有在返回完成时，它才会返回失败。

组件完成参数基于子节点的完成结果，决定并行节点在何时返回成功，如下所示：

❑ 如果设置为 One，那么在一个输出结果标记为完成的子节点被触发工作后，并行组件就会返回成功。

❑ 如果设置为 All，那么在所有的子节点都被标记为完成之前，并行组件会一直持续运行。

❑ 在并行节点能够返回成功或失败之前，它所触发的每个工作的结果都是运行中。

让我们来看个例子以便理解上述内容。我们来设置一个树，让它在根节点位置具有一个顺序节点，一个含有两个行为节点的并行节点，以及一个连接到顺序节点的行为节点。它看起来应该类似于下图：

我们将并行节点上的组件完成（component completion）变量设置为 All，将子节点完成（Child completion）变量设置为成功（Success）。这就意味着如果所有的行为节点——CheckEmail 和 ListenMusic 都返回成功，它们将会被标记为完成，而并行节点将会返回成功。相反，它就会返回失败（Failure），而父节点顺序节点也将会从这一点返回失败，这会导致 work 行为节点永远不会被调用。

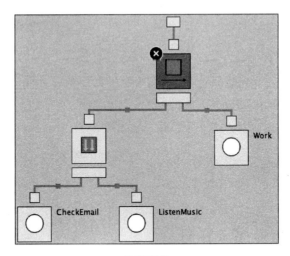

并行节点

现在让我们来实现 CheckEmail 和 ListenMusic 的行为处理程序。我们将在 ListenMusic 行为节点中返回失败，如下面的代码所示，看看会发生什么：

```
public BehaveResult TickCheckEmailAction (Tree sender) {
  Debug.Log("Checking email");
  return BehaveResult.Success;
}
public BehaveResult TickListenMusicAction (Tree sender) {
  Debug.Log("While listening music!");
  return BehaveResult.Failure;
}
```

你会发现，work 行为节点从来没有被调用过。然后修改 ListenMusic 行为节点的代码来返回成功。现在所有并行节点下所有的行为节点都被标记为了成功，所以它就会返回成功，并且顺序节点也将会继续执行 work 行为节点。

9.12 引用

当你在项目中创建另一个行为树时，那个行为树能够引用之前的行为树。当引用被触发工作时，引用（reference）中设置的树将会被触发工作，该引用将返回那个行为树的结果。引用是一种在项目中组织不同行为树的高效的方法。

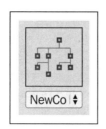

引用节点

9.13 机器人与外星人项目

本章配备了一个机器人与外星人的演示项目。该项目展示了行为树在一个游戏原型中的应用。请在 Unity3D 中打开这个项目，我们将简要介绍一下它。游戏示例和游戏代理的人工智能非常简单。游戏场景的设置方式如下图所示：

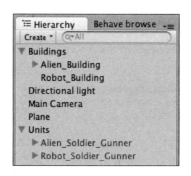

场景层次

在这个游戏中有两个人工智能代理：机器人和外星人。在游戏的开始，双方都会产生各自的游戏单位，游戏单位都向对方的基地走去。外星人的基地应如下图所示：

外星人基地

而机器人的基地则如下图所示：

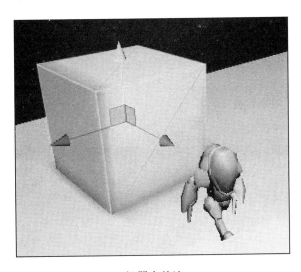

机器人基地

在这两个游戏单位之间到达某一特定距离之后，它们就会开始相互攻击对方，而一旦有一方死亡，另一方将会继续向前移动，直到到达对方基地。在它到达基地之后，它就会开始攻击基地。在项目面板中点击 AgentBehaveLibrary，并在属性检视面板中点击编辑库（Edit Library）。我们有一个集合和一个叫作 AgentAI 的树，如下图所示：

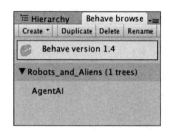

Behave 浏览器

机器人与外星人的人工智能行为树的构造如下图所示:

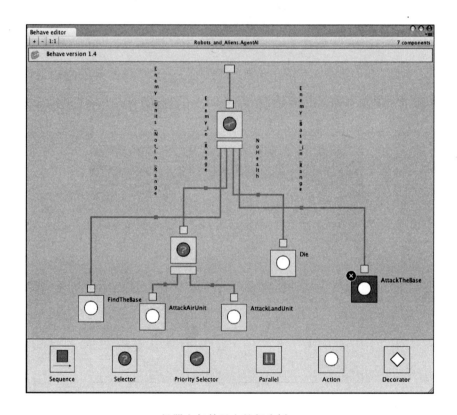

机器人与外星人的行为树

在这个项目中有三个主要的脚本,外星人的人工智能 AlienController,机器人的人工智能 RobotController 以及继承自两个控制器类的 AgentAI 基类。你可以运行这个项目,并使用 Behave 调试器检查行为节点的状态。因为所有的脚本都已经加上了充分

的注释，所以在这里我们不会列出所有的代码并逐行解释。通过阅读注释，你就已经
能够很好地理解它了。

机器人与外星人

9.14 本章小结

本章概括地介绍了行为树系统，以及在 Unity3D 中实现行为树的方法。Behave 行
为树中有六种基本的组件可供使用，它们是行为节点、装饰节点、并行节点、选择节
点、优先级选择节点和顺序节点。每一个组件都有自己的用途，我们都在相应的例子
中对其进行了简要介绍。最后，在使用 Behave 时有一些事情需要你牢记：每当你对
行为树进行了修改，你都必须重新构建你的库，这样你的修改才能够反映在编译的代
码库中；如果你的树并没有获得任何触发工作的机会，你应该检查你的树的频率设置，
并确保它没有被设置为 0；确保你在 InstantiateTree 语句中提供了正确的树的类型。本
章的内容对于让你学会在游戏中应用行为树，应该已经足够了。在下一章中，我们将
融会贯通所有学过的知识，来完成最终的项目。

Chapter 10

第 10 章

融 会 贯 通

在前九章中，我们学习了不同的人工智能技术，并用 Unity3D 构建了一些简单的应用示例。这一章是本书的最后一章，我们将把其中一些技术应用到一个更高级的游戏示例中。在本章中，我们要用到的技术包括路径寻找、有限状态机、群组行为，以及一些通用的游戏特性（如构建武器和弹药）。所以与其他章节不同的是，这一章将会更加丰富有趣。首先我们创建一辆汽车，然后给予它一些人工智能，最后再为它装备一些战斗武器。现在让我们开始吧！

在本章中，我们将构建一个简单的车辆战斗游戏，这个游戏的灵感来自于在 PlayStation 平台上流行的游戏 Twisted Metal。当然，如此一来我们的游戏中将会出现汽车、枪战和爆炸，但在我们的版本中这些会简单许多。这个项目毕竟只是一个示例，我们并不会构建一个具有评分系统、电源系统、菜单画面的个性化且完整的游戏。所以，在我们的缩减版车辆战斗游戏中，我们将实现一个玩家控制的车辆，并为敌方车辆实现一个人工智能类。玩家车辆将装备两种不同的武器：一把装有子弹的普通枪支和一个瞄准敌方车辆后会自动跟踪的导弹发射器。

10.1 场景设置

那么，让我们从场景构建开始吧。

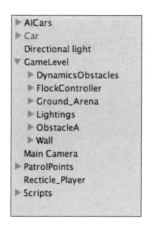

层次结构中的对象

我们有四个在 AICars 实体下的人工智能车辆和一个玩家控制的车辆实体。

 现实的汽车模型、汽车运动行为和摄像机脚本都是基于 Unity3D 汽车项目教程的。你可以在 http://u3d.as/content/unity-technologies/car-tutorial/ 下载并了解到更多关于它的信息。

我们还设置了人工智能车辆巡逻的航点，以及由群组算法控制的一组作为其子实体的对象。如果你想要建立一个更加拟真的环境，可以添加其他类型的光，并构建一个灯光地图，以此生成一个离线模式的阴影。但是在本示例中，我们仅使用一个定向光来简单地照亮整个场景。recticle 游戏对象用来引用鼠标指向的目标位置。除了静态障碍块，我们同样采用了受物理影响并且能够被武器摧毁的动态障碍块。所以，我们的小场景看起来就是这样的：

俯瞰场景的样子

标签和图层

在编写脚本之前有一个重要的步骤需要设置，即在游戏中设置标签。标签和图层可以通过 Edit | Project Settings | Tags 来设置。在使用例如 GameObject.FindWithTag() 这样的脚本来引用和标识场景中的游戏对象时，我们可以使用对象名称或标记。图层常常用来为摄像机设置消隐遮罩来渲染场景中已选中的部分，以及被光线照亮的部分场景。在这个项目中，我们仅用图层来检测特定图层之间的碰撞。当我们在后面的脚本中使用它们时，将会看到更多相关的信息。现在，我们只需关注如下图所示的标签和图层：

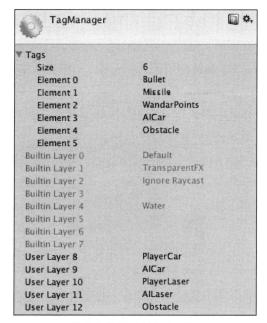

游戏中使用的标签和图层

10.2 车辆

如前所述，我们的汽车模型和脚本的行为是基于 Unity3D 中的车辆教程的。为了让它们保持一致，其中一些由 JavaScript 编写的脚本将被转换为 C#。

装备了武器的汽车

我们在基本的车辆模型中添加了三个额外的组件。它们分别是两个在车辆两侧的导弹发射器，以及一个在车辆顶部的可旋转平台上的普通的枪模型。此外，需要注意的是，按照之前的定义，玩家车辆将使用 Player 标签，而敌人的车辆则使用 AICar 标签。

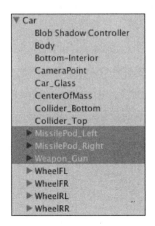

对我们的车辆进行修改

10.2.1　玩家控制的车辆

玩家的车辆有几个不同的附加脚本，主要是用 Car.cs 脚本和 PlayerCarController.cs 脚本来让车辆以一种更为逼真的方式移动。由于拟真车辆物理学是一个太过庞大的课题，而你也可以在 Unity3D 车辆教程中学到更多相关信息，所以在本章中我们将更多地关注项目中特定的脚本和控制器。如下是 PlayerWeaponController 类，它可以控制两种武器的瞄准和射击。

```
using UnityEngine;
using System.Collections;

public class PlayerWeaponController : MonoBehaviour{
  public WeaponGun gun;
  public WeaponMissile[] missile; //Left and Right missile pod
  public Transform Turret;

  //The Recticle object, the mouse cursor graphic
  private Transform recticle;

  // Use this for initialization
```

```
    void Start () {
      if (!recticle)
        recticle = GameObject.Find("Recticle_Player").transform;
    }

    // Update is called once per frame
    void Update () {
      //Shoot laser from the turret
      if (Input.GetMouseButtonDown(0)) {
        gun.Shoot();
      }
      else if (Input.GetMouseButtonUp(0)) {
        gun.StopShoot();
      }

      //Shoot missile from the turret
      if (Input.GetMouseButtonDown(1)) {
        missile[1].Shoot();
      }
      else if (Input.GetMouseButtonUp(1)) {
        missile[1].StopShoot();
      }
      //Rotate the turret
      //AIMING WITH THE MOUSE
      //Generate a plane that intersects the transform's
        //position with an upwards normal.
      Plane playerPlane = new Plane(Vector3.up, transform.position);

      // Generate a ray from the cursor position
      Ray RayCast =
          Camera.main.ScreenPointToRay(Input.mousePosition);

      // Determine the point where the cursor ray intersects the
        //plane.
      float HitDist = 0;

      if (playerPlane.Raycast(RayCast, out HitDist)) {
        // Get the point along the ray that hits the calculated
          //distance.
        Vector3 targetPoint = RayCast.GetPoint(HitDist);

        //Set the position of the Recticle to be the same as the
        //position of the mouse on the created plane

        recticle.position = targetPoint;
        Turret.LookAt(recticle.position);
      }
    }
  }
}
```

我们从为导弹武器和可旋转平台引用实体开始。虽然目前我们还没有创建 WeaponGun 类和 WeaponMissle 类，但是我们将在本章稍后的地方创建它们。recticle 在我们的场景中是一个独立的空游戏对象。我们试着用 start 方法在场景中找到该对象，并在局部 recticle 中存储一个引用。然后，用 Update 方法让鼠标左键的点击事件触发普通的子弹射击，让鼠标右键的点击事件来发射导弹。接着，我们找到当前鼠标指针在 2D 空间中的位置，并通过光线投射将其转变为 3D 空间中的位置。这在 2.1.2 节已经解释过。最后，附加到车辆的可旋转平台对象转向该方向，同时更新 recticle 位置。recticle 图像的位置也会实时更新。

10.2.2 人工智能车辆控制器

我们将应用第 2 章中的 AdvancedFSM 框架来实现敌方坦克的人工智能。AICarController 类继承自 AdvancedFSM 类，并设置了有限状态机框架。

```
using UnityEngine;
using System.Collections;

public class AICarController : AdvancedFSM {
  protected override void Initialise() {
    //Start Doing the Finite State Machine
    ConstructFSM();

    //Get the target enemy(Player)
    GameObject objPlayer =
        GameObject.FindGameObjectWithTag("Player");
    playerTransform = objPlayer.transform;

    if (!playerTransform)
      print("Player doesn't exist.. Please add one with " +
          "Tag named 'Player'");
  }
```

我们必须确保场景中有一个标签为 Player 的玩家对象。如果发现这个对象，就把这个对象的引用存储在 playerTransform 变量中。然后在 ConstructFSM 方法中设置我们的转移和状态。

```
//Construct the Finite State Machine for the AI Car behavior
private void ConstructFSM() {
```

```
//Get the list of points
pointList = GameObject.FindGameObjectsWithTag("WandarPoints");
Transform[] waypoints = new Transform[pointList.Length];
int i = 0;
foreach (GameObject obj in pointList) {
  waypoints[i] = obj.transform;
  i++;
}

PatrolState patrol = new PatrolState(waypoints);
patrol.AddTransition(Transition.SawPlayer,
    FSMStateID.Chasing);
patrol.AddTransition(Transition.NoHealth, FSMStateID.Dead);
ChaseState chase = new ChaseState(waypoints);
chase.AddTransition(Transition.LostPlayer,
    FSMStateID.Patrolling);
chase.AddTransition(Transition.ReachPlayer,
    FSMStateID.Attacking);
chase.AddTransition(Transition.NoHealth, FSMStateID.Dead);

AttackState attack = new AttackState(waypoints);
attack.AddTransition(Transition.LostPlayer,
    FSMStateID.Patrolling);
attack.AddTransition(Transition.SawPlayer,
    FSMStateID.Chasing);
attack.AddTransition(Transition.NoHealth, FSMStateID.Dead);

DeadState dead = new DeadState();
dead.AddTransition(Transition.NoHealth, FSMStateID.Dead);

AddFSMState(patrol);
AddFSMState(chase);
AddFSMState(attack);
AddFSMState(dead);
}
```

我们在场景中设置了一组点，作为人工智能车辆在场景中导航的航点。

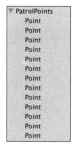

场景需要很多点

这些航点使用标签 WandarPoints。所以在构建有限状态机时，首先要做的事情就是找到那些标记为 WandarPoints 的点，并将人工智能的状态传递给它们，使它们认识到自己身处的环境。

标记为 WandarPoints 的巡逻点

在此之后，我们创建状态和过渡触发器，并将其添加到有限状态机框架。

10.2.3　有限状态机

我们需要从各种 State 类中建立一个调用 Reason 和 Act 方法的更新循环。之后我们将看到这些状态是如何实现的。

```
protected override void CarFixedUpdate() {
  CurrentState.Reason(playerTransform, transform);
  CurrentState.Act(playerTransform, transform);
}
```

由于我们把车辆人工智能的不同状态分到了不同的类中，我们的 update 方法就变得简单多了。我们只需在人工智能的当前状态中调用 reason 和 act 方法。我们要在状态转换图中表示人工智能汽车的有限状态机模型，如下图所示。

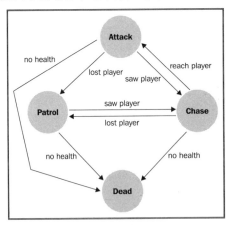

敌方人工智能车辆的有限状态机

最后，我们要实现车辆基于与子弹或导弹的碰撞而受到伤害。一旦某一方车辆的生命值小于或等于零，我们会播放一场基于物理原理的炫酷的爆炸效果以销毁对象，然后从场景中删除它。

```
//Hit with Missile or Bullet
void OnCollisionEnter(Collision collision) {
  if (bDead)
    return;

  if (collision.gameObject.tag == "Bullet") {
    print("AICar Hit with Bullet");
    health -= 30;
  }
  else if (collision.gameObject.tag == "Missile") {
    print("AICar Hit with Missile");
    health -= 50;
  }

  if (health <= 0) {
    bDead = true;
    Explode();
    Destroy(gameObject, 4.0f);
  }
}
```

1. 巡逻状态

在有限状态机中每个状态都有两个主要的方法：Reason 和 Act。基本上，Reason 方法检查条件，并负责从当前状态转移到其他状态。在 patrol 状态中，Reason 方法检查玩家和当前人工智能车辆之间的距离。如果距离足够接近，它将会进行 SawPlayer 转移。我们已经为每个人工智能车辆对象设置了转移和状态间的映射。

```
public override void Reason(Transform player, Transform npc) {
  if (Vector3.Distance(npc.position, player.position) <= 100.0f) {
    Debug.Log("Switch to Chase State");
    npc.GetComponent<AICarController>().SetTransition(
        Transition.SawPlayer);
    npc.GetComponent<AICarController>().throttle = 0.0f;
    npc.GetComponent<AICarController>().DoHandbrake();
  }
}
```

所以，在我们的 AdvancedFSM 类中，这个新的转移将用来正确地获取当前的状态。以下就是处理这种状态转移的 AdvancedFSM 类的 PerformTransition 方法。

```
public void PerformTransition(Transition trans) {
  // Check if the currentState has the transition passed as
  //argument
  FSMStateID id = currentState.GetOutputState(trans);
  if (id == FSMStateID.None) {
    Debug.LogError("FSM ERROR: Current State does not have a " +
        "target state for this transition");
    return;
  }

  // Update the currentStateID and currentState
  currentStateID = id;
  foreach (FSMState state in fsmStates) {
    if (state.ID == currentStateID) {
      currentState = state;
      break;
    }
  }
}
```

如果人工智能车辆已经接近当前目标点，Patrol 状态的 Act 方法将会找到下一个航点，并且将会更新相应的方向和速度。

```
public override void Act(Transform player, Transform npc) {
  //Find another random patrol point if the current point is
  //reached
  if (Vector3.Distance(npc.position, destPos) <= 5.0f) {
    FindNextPoint();
    curPathIndex = 0;
    //Brake it first before moving to the next point
    npc.GetComponent<AICarController>().DoHandbrake();
  }
}
```

2. 追逐状态

如果玩家和人工智能车辆距离足够接近，Reason 方法就会检查并转移至 ReachPlayer。否则，它将会更新转移至 LostPlayer。而 ReachPlayer 转移将会更新至 Attack 状态，LostPlayer 则将使人工智能车辆回到 Patrol 状态。

```
//Check the new reason to change state
  public override void Reason(Transform player, Transform npc) {
  //Set the target position as the player position
    destPos = player.position;

  //Check the distance with player tank
  //When the distance is near, transition to attack state
  float dist = Vector3.Distance(npc.position, destPos);
  if (dist <= 60.0f) {
    Debug.Log("Switch to Attack state");
    npc.GetComponent<AICarController>().SetTransition(
        Transition.ReachPlayer);
  }

  //Go back to patrol is it become too far
  if (dist >= 110.0f) {
  Debug.Log("Switch to Patrol state");
  npc.GetComponent<AICarController>().SetTransition(
      Transition.LostPlayer);
  }
}
```

Chase 状态的 Act 方法虽然很短，但是它需要一些线性代数和三角学的背景知识。

```
//Action taken in the current state
public override void Act(Transform player, Transform npc) {
  //Rotate to the target point
  destPos = player.position;

  npc.GetComponent<AICarController>().throttle = 1.0f;

  Vector3 RelativeWaypointPosition =
      npc.InverseTransformPoint(new Vector3(destPos.x,
        npc.position.y, destPos.z));

  npc.GetComponent<AICarController>().steer =
      RelativeWaypointPosition.x /
      RelativeWaypointPosition.magnitude;
}
```

Unity3D 有一个名为 InverseTransformPoint 方法，用来转换世界空间到局部空间的位置。目前，该玩家的位置是在世界空间中。所以，我们用这个方法来找到从人工智能车辆转换过来的目标玩家车辆的相对位置。RelativeWaypointPosition 持有新的向量（X，Y，Z），这同样也是从人工智能车辆到玩家车辆的方向向量。

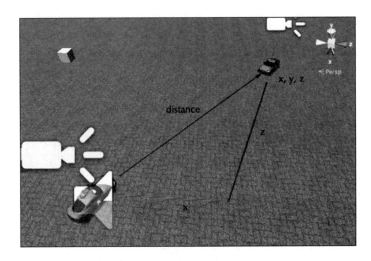

找到到玩家车辆的向量

在得出这个向量之后，我们就可以用水平位置除以该向量的模或距离，来确定需要旋转多少度才可以朝向玩家车辆的方向。然后我们将用这个角度值，引导车轮转向玩家车辆的方向。

3. 攻击状态

当玩家足够接近人工智能车辆时，我们就可以到达 Attack 状态，然后旋转枪口指向玩家车辆，并开始射击。

```
public override void Act(Transform player, Transform npc) {
  //Set the target position as the player position
  destPos = player.position + new Vector3(0.0f, 1.0f, 0.0f);

  Transform turret = weapon.Turret;
  Quaternion turretRotation = Quaternion.LookRotation(
     destPos - turret.position);
  turret.rotation = Quaternion.Slerp(turret.rotation,
    turretRotation, Time.deltaTime * curRotSpeed);

  //Shoot shouldn't call every frame
  if (!bStartShooting) {
    //Shoot bullet/Missiles towards the player
    ShootShells();
    bStartShooting = true;
  }
}
```

我们在 Reason 方法中检查人工智能车辆与玩家的距离，并将转移设置回 LostPlayer 或 SawPlayer。这些转移会将当前的状态更新到巡逻或追逐状态。

```
public override void Reason(Transform player, Transform npc) {
  //Check the distance with the player car
  float dist = Vector3.Distance(npc.position,player.position);
  if (dist >= 50.0f && dist < 100.0f) {
    Debug.Log("Switch to Chase State");
    npc.GetComponent<AICarController>().SetTransition(
        Transition.SawPlayer);
    StopShooting();
  }

  //Transition to patrol is the tank become too far
  else if (dist >= 100.0f) {
    Debug.Log("Switch to Patrol State");
    npc.GetComponent<AICarController>().SetTransition(
        Transition.LostPlayer);
    StopShooting();
  }
}
```

10.3 武器

玩家控制的车有两样武器：导弹发射器和一把普通的枪，而人工智能车辆只有一把普通的枪。虽然这些武器不会牵涉很多人工智能技术，但我们也来看看它们是如何实现的吧。

10.3.1 枪

WeaponGun 类在 Shoot 方法中调用时，只是简单地发射子弹。

```
using UnityEngine;
using System.Collections;

public class WeaponGun : MonoBehaviour {
  public GameObject Bullet;
  public GameObject[] GunGraphics;
  public float ratePerSecond;
  private bool bShoot;

  // Use this for initialization
```

```
void Start() {
  bShoot = false;
}

public void Shoot() {
  bShoot = true;

  foreach (GameObject obj in GunGraphics) {
    obj.animation.CrossFade("GunShooting", 0.5f);
  }

  StartCoroutine("ShootBullets");
}
```

我们并不希望在射击时一次性生成太多的子弹，因为这样会导致每秒帧率过高。我们想将发射频率限制在某个值之下。我们想在发射完一颗子弹之后，发射另一颗子弹前等待一段特定的时间。这在 Unity3D 中可以通过使用协程来完成。

```
public void StopShoot() {
  //Stop the shooting animation
  if (bShoot) {
    bShoot = false;

    foreach (GameObject obj in GunGraphics) {
      obj.animation.Stop("GunShooting");
    }
  }

  StopCoroutine("ShootBullets");
}
```

正如 Unity3D 参考所解释的那样，协程是一个函数，它可以将其执行挂起，直到给定的 YieldInstruction 完成。我们可以使用 StartCoroutine 方法和 StopCoroutine 方法来开始和终止协程。如下是我们的协程方法 ShootBullets 。在这个方法中，我们基于特定的 ratePerSecond 值等待特定的毫秒值。

```
private IEnumerator ShootBullets() {
  SpawnBullet();
  yield return new WaitForSeconds(1.0f / ratePerSecond);
  StartCoroutine("ShootBullets");
}
```

这个协程方法只是调用了 SpawnBullet 方法，SpawnBullet 方法顺着枪的位置以一个随机的位置和旋转实例化了一个新的 Bullet 预置。

```
private void SpawnBullet() {
    int rndSpawnPoint = Random.Range(0, GunGraphics.Length);
    Vector3 SpawnPos =
        GunGraphics[rndSpawnPoint].transform.position;
    Quaternion SpawnRot =
        GunGraphics[rndSpawnPoint].transform.rotation;

    //Create a new Bullet
    GameObject objBullet = (GameObject)Instantiate(Bullet,
        SpawnPos, SpawnRot);
    }
}
```

10.3.2　子弹

Bullet 对象被设置为一个叫做 PlayerLaser 的预置。你可以在本章的资源中通过 Assets | Resources | Prefabs | Bullets 找到它。

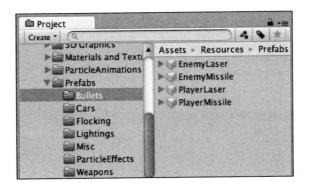

武器的位置

子弹行为类被添加到这个激光子弹预置中。它也有一个刚体和盒碰撞器组件，这样我们就可以检测到它与其他对象的碰撞。我们还需要一个它碰到其他对象时会播放的粒子效果。

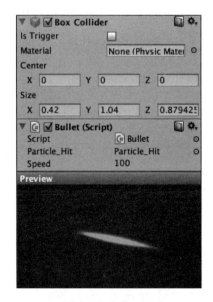

子弹的设置和外观

这就是我们的 Bullet 类。Start 方法所做的第一件事就是在两秒钟后自动地销毁子弹这个游戏对象。

```
using UnityEngine;
using System.Collections;

public class Bullet : MonoBehaviour {
  public GameObject Particle_Hit;
  public float speed = 100.0f;

  // Use this for initialization
  void Start() {
    Destroy(gameObject, 2.0f);
  }
```

而在 Update 方法中，我们只是沿 Z 正轴方向以一定的速度向前移动。

```
// Update is called once per frame
void Update () {
  transform.Translate(new Vector3(0, 0, speed *
      Time.deltaTime));
}
```

```
   void OnCollisionEnter(Collision collision) {
     Vector3 contactPoint = collision.contacts[0].point;

     Instantiate(Particle_Hit, contactPoint, Quaternion.identity);
     Destroy(gameObject);
   }
 }
```

当子弹游戏对象与其他对象发生碰撞时，OnCollisionEnter 方法将被调用。我们只需播放附加的子弹粒子效果，并销毁子弹对象。被击中的游戏对象将会接受伤害，并且进行状态转移任务。

10.3.3　发射器

导弹发射武器的类与枪支武器的类相似。它发射导弹并使用协程，在每次发射导弹之间等待几毫秒。导弹发射武器与枪的唯一的不同点在于，导弹具有锁定模式，如果玩家瞄准了敌方人工智能坦克并进行了恰当的射击，导弹将会锁定并追逐它的目标。

```
using UnityEngine;
using System.Collections;

public class WeaponMissile: MonoBehaviour {
  public GameObject Missile;
  public Transform SpawnPoint;
  private bool bShoot, bHasTarget;
  private Transform target;

  // Use this for initialization
  void Start() {
    bShoot = false;
    bHasTarget = false;
  }
```

然后，我们在 start 方法中初始化我们的属性，并在 Shoot 方法中使用光线投射来测试当前鼠标位置是否存在人工智能车辆。

```
public void Shoot() {
  //Check Whether target exist or not
  Ray ray = Camera.main.ScreenPointToRay(Input.mousePosition);
  RaycastHit hitInfo;

  //RayCast only to AI Car which layer number is 9
    int layerMask = 1 << 9;
```

```
    if (Physics.Raycast(ray, out hitInfo, 1000.0f, layerMask)) {
      bHasTarget = true;
      target = hitInfo.transform;
    }
    else {
      bHasTarget = false;
    }

    bShoot = true;
    StartCoroutine("ShootMissiles");
  }
```

Raycast 方法的图层掩码参数决定了需要同生成的光线进行测试的图层。也就是之前我们在图层 9 中设置的人工智能车辆图层。通过位移 1——其二进制形式为（...0000000001）——向左移 9 位，得出二进制形式的结果为（...001000000000）。结果除了图层 9 之外，其他图层在进行光线投射时都会被忽略。如果这个光线射到了人工智能车辆，我们就会设置 bHasTarget 为真，并设置目标转换。之后，我们便开始 ShootMissiles 协程。

```
    public void StopShoot() {
      //Stop the shooting animation
      if (bShoot) {
        bShoot = false;
      }
      StopCoroutine("ShootMissiles");
    }

    private IEnumerator ShootMissiles() {
      SpawnMissile();
      yield return new WaitForSeconds(
          Random.Range(0.3f, 0.6f));
      StartCoroutine("ShootMissiles");
    }
    private void SpawnMissile() {
      //Create a new Missile
        GameObject objMissile = (GameObject)Instantiate(Missile,
          SpawnPoint.position, SpawnPoint.rotation);

      objMissile.GetComponent<Missile>().Initialise(bHasTarget,
        target);
    }
  }
```

最后，在 SpawnMissile 方法中，我们在导弹武器的位置将一个新的导弹预置实例化。然后得到导弹脚本，并告诉它是否存在目标以及目标是什么。

10.3.4 导弹

我们的 WeaponMissile 类或 launcher weapon 类会产生导弹。在初始化过程中，我们检查这颗导弹是否有需要追逐并摧毁的目标对象。

```
using UnityEngine;
using System.Collections;

public class Missile : MonoBehaviour {
  public GameObject Particle_Hit;
  public float speed = 20.0f;
  private Transform target;

  public void Initialise(bool bHasTarget, Transform target
      = null) {
    if (bHasTarget) {
      this.target = target;
      Destroy(gameObject, 4.0f);
    }
    else {
      Destroy(gameObject, 2.0f);
    }
  }
```

如果它有一个目标对象，我们就在 Update 方法中不断地跟踪目标位置并相应地更新导弹的方向和旋转值。

```
  // Update is called once per frame
  void Update() {
    if (target != null) {
      //Make the target position upwards alittle bit
      Vector3 newTarPos = target.position +
          new Vector3(0.0f, 1.0f, 0.0f);

      //Rotate towards the target
      Vector3 tarDir = newTarPos - transform.position;
      Quaternion tarRot = Quaternion.LookRotation(tarDir);
      transform.rotation=Quaternion.Slerp(transform.rotation,
          tarRot, 3.0f * Time.deltaTime);
    }

    transform.Translate(new Vector3(0, 0,
```

```
        speed * Time.deltaTime));
    }
```

最后，同子弹类一样，当导弹击中目标时，我们就只播放爆炸粒子效果并摧毁导弹对象。

```
    void OnCollisionEnter(Collision collision) {
        Vector3 contactPoint = collision.contacts[0].point;

        Instantiate(Particle_Hit, contactPoint,
            Quaternion.identity);
        Destroy(gameObject);
    }
}
```

这将产生从车辆侧面发射锁定目标的导弹的炫酷效果，如下图所示：

向敌方车辆发射导弹

10.4　本章小结

在本章中，我们应用了一些从之前简单的车辆战斗游戏里学到的人工智能技术。将来我们可以在更大范围的游戏中应用更多的技术。但在这个简短的章节中，我们再次使用了第 2 章中的有限状态机框架，以及航点和路径跟随技术。我们也可以使用感觉系统来同时检测环境中的人工智能车辆，但是为了让本章更简单，我们仅仅获取玩家的位置并检查两者之间的直线距离。即使玩家车辆并不在人工智能车辆的视线中，人工智能车辆只要靠近玩家车辆，就会跟随玩家车辆，并对它们展开攻击。你可以在这方面应用更多的技术，让游戏变得更完善。这是本书的最后一章，希望你在游戏和 Unity3D 的人工智能领域里学有所成，学有所悟。

推 荐 阅 读

HTML5游戏开发实战

作者: Makzan ISBN: 978-7-111-39176-0 定价: 59.00元

游戏设计师修炼之道：数据驱动的游戏设计

作者: Michael Moore ISBN: 978-7-111-40087-5 定价: 69.00元

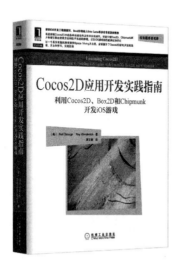

Cocos2D应用开发实践指南：利用Cocos2D、Box2D和Chipmunk开发iOS游戏

作者: Rod Strougo 等 ISBN: 978-7-111-42507-6 定价: 99.00元

移动游戏开发精要

作者: Kimberly Unger 等 ISBN: 978-7-111-43413-9 定价: 59.00元

推荐阅读

Unity着色器和屏幕特效开发秘笈

作者: Kenny Lammers ISBN: 978-7-111-48056-3 定价: 49.00元

Unity开发实战

作者: Matt Smith 等 ISBN: 978-7-111-46929-2 定价: 59.00元

Unity游戏开发实战

作者: Michelle Menard ISBN: 978-7-111-37719-1 定价: 69.00元

网页游戏开发秘笈

作者: Evan Burchard ISBN: 978-7-111-45992-7 定价: 69.00元

游戏开发工程师修炼之道（原书第3版）

作者: Jeannie Novak ISBN: 978-7-111-45508-0 定价: 99.00元

HTML5 Canvas核心技术：图形、动画与游戏开发

作者: David Geary ISBN: 978-7-111-41634-0 定价: 99.00元